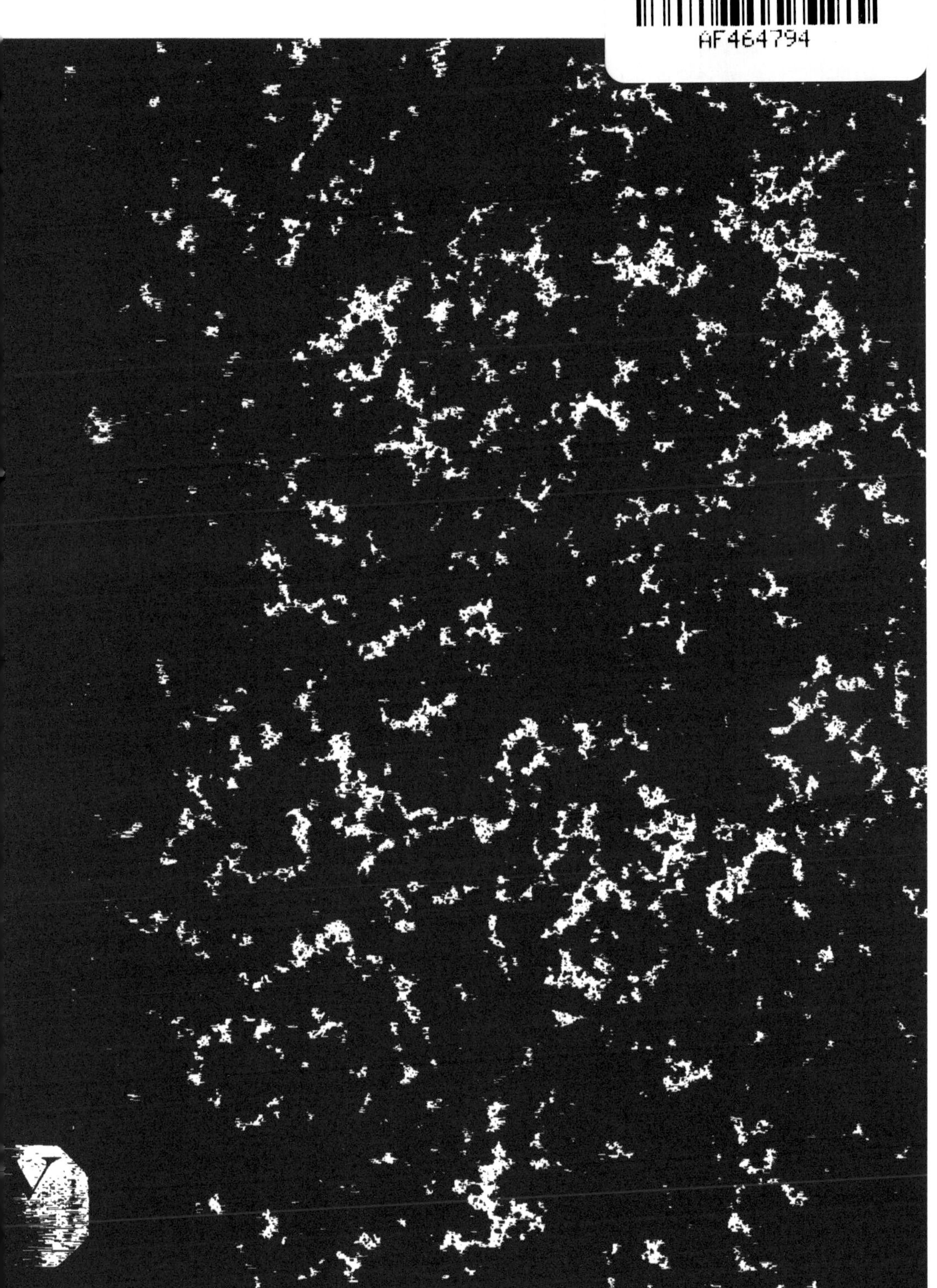

COMPTE-RENDU

DES TRAVAUX

DU

CONSEIL GÉNÉRAL

DE L'AGRICULTURE,

DES MANUFACTURES ET DU COMMERCE,

SESSION DE 1850,

PRÉSENTÉ A LA

CHAMBRE DES MANUFACTURES ET DU COMMERCE

DE SAINT-QUENTIN,

PAR SON DÉLÉGUÉ

M^r^. CHARLES PICARD,

Membre de cette Chambre & du Conseil général de l'Agriculture, des Manufactures & du Commerce

Président du Tribunal de Commerce de l'arrondissement de St-Quentin.

AOUT 1850.

Saint-Quentin. — Typ. AD. MOUREAU, Lithographe, Grand'Place, N°. 7.

1850

COMPTE-RENDU.

Je viens, Messieurs et chers Collègues, remplir près de vous un devoir; je viens, avec l'agrément de notre Président, vous rendre compte du mandat que vous m'avez fait l'honneur de me confier, en me chargeant de représenter aux Conseils généraux de l'Agriculture, des Manufactures et du Commerce, la circonscription industrielle de notre Chambre. J'ai toujours pensé que tout mandataire devait rendre compte de sa gestion à ses mandans, et cette obligation morale devient pour moi une tâche bien douce, puisqu'elle me permet de saisir tout d'abord cette nouvelle occasion de vous adresser encore, mes chers Collègues, l'expression de ma respectueuse reconnaissance pour l'honneur que vous avez bien voulu me faire.

De nombreux et importans documens ont été soumis au Conseil général; mais, pour les étudier sérieusement, pour résoudre avec maturité les graves questions économiques sur lesquelles il était consulté, il ne fallait pas les quarante jours qui lui ont été accordés: il fallait une Session de plusieurs mois.

En vous présentant l'analyse de nos travaux, je n'ai pas seulement voulu vous relater les termes des délibérations du Conseil général; j'ai tenu surtout à vous faire connaître, aussi complètement que possible, les discussions et l'ensemble des projets de loi qui sont en ce moment présentés aux délibérations de l'Assemblée, ou à l'état d'étude, soit au ministère de l'Agriculture et du Commerce, soit au conseil-d'Etat.

Le Conseil général de l'Agriculture, des Manufactures et du Commerce, institué par un décret du 1er Février 1850, s'est réuni le 7 Avril dans la salle des séances du palais du Luxembourg. Ce conseil, appelé à donner son avis sur les questions qui intéressent l'Agriculture, le Commerce et l'Industrie, est, à ce qui a été dit, appelé à remplacer en même temps et le Conseil supérieur du Commerce et les Conseils généraux créés par l'Ordonnance du 29 Avril 1831.

Le Conseil supérieur du Commerce, vous le savez, mes chers collègues, était composé de Membres des Assemblées législatives, d'administrateurs, de conseillers d'État et de grands manufacturiers choisis par le ministre.

Aux termes de l'ordonnance de 1831, le conseil supérieur, ainsi composé, devait être consulté sur tous les projets de loi de douanes, traités à conclure, etc.

Le Conseil général du Commerce comprenait 63 Membres nommés par les Chambres de Commerce; celui des manufactures 60 Membres, dont 39 ou 40 nommés directement par le ministre, et 20 ou 21 seulement par les Chambres consultatives des Arts et Manufactures; celui de l'Agriculture, 52 Membres choisis par le ministre. Ces trois Conseils pouvaient délibérer séparément ou en assemblée générale.

En vous indiquant l'organisation des anciens Conseils, j'ai tenu à vous montrer la part d'influence et d'initiative que le gouvernement avait voulu se conserver dans leurs délibérations. L'institution du Conseil général qui vient de clore, en mai 1850, sa première session, est beaucoup plus libérale.

Organisation du Conseil général.

Conformément à l'Article 2 du décret du 1er février 1850, ce Conseil était composé de 236 Membres nommés, savoir:

86 Agriculteurs par le ministre; 51 industriels par les Chambres consultatives, 61 commerçans par les Chambres de Commerce, et 34 membres appartenant à ces mêmes catégories, par le Ministre.

Je viens d'avoir l'honneur de vous dire, Messieurs, que, pour étudier sérieusement, que, pour résoudre surtout avec maturité les graves questions sur lesquelles le gouvernement avait consulté le Conseil général, il fallait non pas 40 jours, mais plusieurs mois.

Je vous demande la permission de vous mettre à même de juger de la vérité de ce que je viens d'avoir l'honneur de vous avancer, en vous citant, sans commentaire aucun, le relevé des questions qui ont été soumises au Conseil général.

Si je n'en oublie pas, voici les questions livrées par M. Dumas, ministre de l'agriculture et du commerce, à l'examen du conseil général :

Projet de loi sur les sucres; — Organisation du conseil général, des Chambres d'agriculture, des manufactures et du commerce; — Organisation de la Boulangerie; — Crédit Foncier; — Irrigations; — Commerce des grains; — Engrais artificiels; — Perception des droits sur les bestiaux; — Concours relatifs aux animaux de boucherie; — Médecine vétérinaire; — Amélioration de la race chevaline; — Elève des vers à soie; — Tarif d'importation des bestiaux étrangers; — Culture du lin; — Législation des brevets d'invention; — Travail des enfans dans les manufactures; — Travail des adultes; — Travail du dimanche; — Livrets d'ouvriers; — Caisses de retraites; — Police rurale; — Société de secours mutuels; — Lavoirs et bains publics; — Marques des fabriques; — Réglement de comptabilité pour les concordats par abandon; — Modification à apporter à la section II du livre 1er du code de commerce qui régit les contestations entre associés; — Sociétés d'exportation; — Législation maritime et régime commercial en Algérie.

Vous n'attendez pas de moi, sans doute, Messieurs, que je vous fasse assister aux nombreuses discussions que ces questions ont fait naître.

Plusieurs ont été traitées définitivement, d'autres sont à l'état de rapport; quelques-unes ont été ajournées.

Je me contenterai de vous indiquer, à l'aide de mes notes, des documens fournis et de mes souvenirs, les plus importantes et surtout celles qui se rattachent plus particulièrement aux intérêts agricoles, manufacturiers et commerciaux, de notre circonscription industrielle.

Les travaux du Conseil, les travaux des Comités, méritent l'attention de tous les esprits qui s'intéressent au développement de la production nationale. Permettez-moi de réclamer en faveur de leur importance votre bienveillante attention.

Toutes les questions qui étaient appelées à être discutées en séances du Conseil étaient déposées sur le bureau par M. le Ministre du commerce, qui présidait lui-même l'assemblée générale. Ces questions étaient ensuite immédiatement renvoyées aux trois Comités de l'agriculture, des manufactures et du commerce. Ces comités les examinaient, et après discussions, souvent très-longues, nommaient par tiers les commissions générales qui devaient être chargées de l'étude du rapport et de leur discussion.

Je vous demanderai la permission de vous citer aussi, parfois, pour compléter ces renseignemens, certaines discussions du Comité des manufactures, auxquelles j'avais l'honneur d'appartenir. Ces discussions serviront à vous montrer les tendances des divers intérêts qui forment la richesse productive du pays.

Voici le relevé des principaux rapports qui ont été présentés au Conseil général :

Rapport sur le tarif des sucres, les marques de fabrique; sur les projets qui concernent le travail; sur l'organisation du Conseil général, des Chambres d'agriculture, de manufactures et de commerce; sur le crédit foncier, sur le tarif et les questions relatives à l'industrie des soies; sur les voies et moyens de communication; rapports sur les questions relatives au régime du commerce des grains, au régime du commerce de la boulangerie, à l'organisation du commerce de la boucherie dans Paris, à l'amélioration des races d'animaux, à la police de la reproduction chevaline en France; rapports enfin sur le tarif d'importation des bestiaux étrangers, sur la question relative au régime des eaux, et sur tous les vœux qui ont été présentés au Conseil général.

Vous voyez, par le simple relevé que j'ai l'honneur de vous présenter, quelle fut l'importance des travaux auxquels ont dû se livrer les membres du Conseil général. En en énumérant devant vous les principaux, j'ai eu surtout le désir, mes chers Collègues, de vous mettre à même de me donner, sur les questions non résolues, votre opinion, et de me fortifier de vos lumières pour le reste de la durée du mandat que vous m'avez confié. Je diviserai ce compte-rendu en trois parties :

La première, qui sera de beaucoup la plus importante, contiendra les questions qui regardent plus particulièrement les manufactures et le commerce. La seconde, celles qui touchent aux intérêts de l'agriculture. La troisième, les vœux soumis au Conseil général. Je commence par la première.

1re Partie.

Questions qui regardent plus particulièrement les manufactures et le commerce.

La question des sucres, dès le lendemain du jour de la séance d'ouverture du Conseil général, fut soumise aux Comités de l'agriculture, des manufactures et du commerce.

Après l'examen des documens fournis par le gouvernement et après une longue discussion, cette Commission fut ainsi composée :

Par l'agriculture, de MM. Tourret, Beaumont de la Somme, Ch. Dupin, Fouquier-d'Hérouel et Darblay.

Par les manufactures, de MM. Benoist d'Azy, Lanyer, Ch. Picard, Bazin et Lestiboudois.

Par le commerce, de MM. Ducos, Galos, Devinck, Bayvet et Clerc.

Question des sucres.

Cette commission s'est occupée sans délai et pendant douze séances des graves questions que soulève ce projet.

Le projet de loi qui était soumis à son examen, vous le connaissez, Messieurs, il consistait : 1°. A réduire de 45 fr. par 100 kilogrammes à 25 fr., non pas d'une manière immédiate, mais au moyen de réductions successives de 5 fr. par année, dont la première devait être appliquée au 1er juillet 1850; le droit sur le sucre colonial et sur le sucre indigène;

2°. D'abaisser de 5 fr. la surtaxe sur les sucres étrangers qui est aujourd'hui à 20 fr. et de la réduire à 15 fr;

3°. De faire également subir une diminution aux droits sur les Cafés et le Cacao.

La Commission qui comprenait la gravité du mandat qui lui avait été confié par le Conseil général, s'était entourée, avant que de se prononcer, de tous les documens que l'administration avait pu lui procurer.

Elle avait désiré entendre, dans leurs explications, M. le ministre du commerce, le directeur des douanes et celui des contributions indirectes sur chacun des systèmes proposés.

La commission décida que chacun de ses membres formulerait ou de vive voix ou par écrit son opinion sur les propositions du Gouvernement.

Les différens systèmes discutés dans son sein se résumaient par les quatre amendemens qui étaient en discussion, d'abord celui de MM. Ducos et Galos, tendant à maintenir à 45 fr. les droits pour les sucres de betteraves, de les réduire pendant 5 années à 40 fr. pour les sucres de nos colonies et de l'abaisser de 55 à 65 fr. pour les sucres étrangers; de manière à ce que la production indigène ne soit plus protégée que par un droit différentiel de 10 fr.

Ensuite l'amendement de M. Devinck, admettant la réduction de 20 fr. sur le sucre colonial et celle de 15 fr. sur le sucre de betteraves, mais demandant qu'elles aient lieu en deux fois, au lieu de quatre années.

Quant à la surtaxe sur le sucre étranger, l'honorable M. Devinck se ralliait au chiffre différentiel de 15 fr. proposé par le Gouvernement.

Après conférence avec les producteurs français, j'avais cru devoir proposer l'amendement suivant :

Accepter le projet présenté par M. le ministre du commerce, sauf à demander que la surtaxe sur les droits des sucres étrangers fût maintenu à 20 fr., et que la réduction proposée de 20 fr. fût opérée en deux époques au choix du gouvernement, au lieu de l'être, comme dans le projet de loi, en quatre années.

MM. Bénoist d'Azy et Tourret demandaient l'échelle mobile pour la surtaxe des sucres étrangers.

Les collègues qui, en défendant la sucrerie indigène, voulaient, comme moi, soutenir la cause du travail national, furent d'avis, après un sérieux examen de la situation présente, qu'il était dans ses intérêts d'abandonner toute proposition de modifier le projet de loi présenté par M. le ministre du commerce, et qu'il fallait se réunir complètement et sans réserve à ses dispositions.

C'est d'après cette résolution que j'ai formulé ainsi mon vote sur cette question. Et, si je vous demande, pour cette fois seulement, la permission de vous citer les motifs qui l'ont déterminé, j'ai surtout en vue, dans cet exposé, de vous initier à ce que j'ai cru devoir faire pour soutenir les intérêts et les principes que vous m'aviez chargé de défendre et de faire prévaloir.

Voici en quels termes j'ai expliqué les motifs de mes convictions :

« Appelé à résumer mon opinion sur le projet de loi des « sucres, je commence par reconnaître avec un de nos hono- « rables Collègues, M. Ducos, qu'il y a bien cinq intérêts en « présence :

« 1°. Le consommateur; 2°. l'Industrie indigène; 3°. l'In- « dustrie coloniale ; 4°. l'Industrie maritime; 5°. et enfin, les « intérêts du trésor.

« Quel que soit l'ordre dans lequel je classerai ces divers

« intérêts, nous serons tous unanimes, j'en suis certain, pour « dire qu'ils sont également respectables et doivent être soi- « gneusement ménagés. C'est ce que je compte prouver dans « les courtes observations que j'ai voulu consigner par écrit et « que je demande d'avoir l'honneur de soumettre à la com- « mission, pour résumer plus complètement et plus succincte- « ment mon opinion.

« Le sucre est de plus en plus un objet de première néces- « sité et une des richesses les plus grandes du pays. — Que « devait faire le gouvernement? chercher à en faciliter, par « le bon marché, l'usage et la consommation. — Pour y par- « venir, il était naturel qu'il ait pensé à un abaissement de « droit combiné avec une réduction également de droit sur les « cafés pour augmenter la consommation du sucre; car toute « l'économie de l'ensemble du projet de loi que nous avons à « examiner, est de chercher à donner à la consommation du « sucre toute l'extension que comporte l'état de notre situation « financière.

« Je crois donc que la réduction qui nous est proposée et « qui pourra permettre de vendre le sucre à 10 c. de moins au « 1/2 kilogr. en augmentera certainement la consommation.

« Maintenant, en arrivant à l'industrie indigène et à l'indus- « trie coloniale, je me plais à reconnaître qu'ils ont toutes « deux un droit égal à la protection de notre tarif; — aussi « est-ce l'égalité des droits que je viens défendre devant vous. « L'industrie du sucre de betteraves s'est nationalisée sous la « foi des engagemens pris par l'Etat.

« Veuillez, Messieurs, ne pas oublier qu'elle a tout fait pour « mériter la protection qui lui a été accordée; elle a donné à « notre travail national un développement considérable, elle « occupe un grand nombre de bras et elle représente une foule « d'intérêts qu'on ne saurait méconnaître. Permettez-moi d'a- « jouter encore, avec M. le ministre du commerce, qui l'a dit

« dans le sein de la commission, que la sucrerie de betteraves « a droit à toute votre sollicitude, car les produits de la fa- « brication des sucres, pris dans la généralité la plus étendue, « ne dépassent pas sa consommation. — Il serait donc impru- « dent d'arrêter une production qui est complètement néces- « saire à l'alimentation du monde entier.

« La canne à sucre, a encore ajouté M. le ministre, ne peut « suffire pour approvisionner le marché du monde, et il y a « prudence à réserver à la betterave la place qu'il importe de « lui conserver.

« L'industrie coloniale est (Messieurs les représentans de « l'intérêt maritime l'ont souvent répété) l'unique ressource « de nos possessions d'outre-mer, auxquelles l'émancipation, « appréciée au point de vue de la production et du travail, a « porté récemment un coup bien rude. Tout ayant égard au « contenu des derniers rapports de l'amiral Bruat, qui font « espérer une grande amélioration dans la production probable « de nos colonies pour cette année, je reconnais avec mes ho- « norables Collègues, que l'industrie coloniale est indispen- « sable, non-seulement à la prosperité, mais encore à l'exis- « tence même de nos possessions maritimes dans les Antilles « et à l'Ile de la Réunion.

« C'est même en vue de concilier tous ces intérêts et de faire « la part de la position actuelle de nos colonies, que le projet « de loi contient une disposition qui favorise particulièrement « leur production par l'application du droit sur les sucres, en « raison de leurs richesses saccharines. Car l'on sait, et le « gouvernement vous l'a répété, que la canne contient de 18 à « 20 p. % de sucre, tandis qu'on ne retire de la betterave que « de 7 à 9 p. %.

« Aussi, est-ce parce que le tarif qui nous est présenté, mé- « nage, avec raison, au sucre colonial et au sucre métropoli- « tain, un débouché proportionnel à l'importance de leur pro-

« duction respective et des avantages en raison de leur situa-« tion présente, que je vote pour son adoption.

« Je n'entends pas soutenir devant vous que le commerce « maritime puisse se passer d'élément de frêt; non, Messieurs, « nous ne sommes pas exclusivement dévoués aux intérêts de « la métropole. — Nous reconnaissons, avec nos honorables « contradicteurs, que la France ne possède pas assez, dans « certains temps, de matières encombrantes pour alimenter « les transports, et qu'il importe que notre pavillon, indépen-« damment du sucre colonial dont le frêt lui est exclusive-« ment réservé, puisse charger, au besoin, à l'étranger, une « certaine quantité de sucres qui s'échangera dans une pro-« portion plus large avec nos produits manufacturés. — En « acceptant le chiffre différentiel de 15 fr. de surtaxe entre les « deux sucres, nous prouvons, nos amis et moi, combien nous « sommes disposés à faire une part à la prospérité de notre « marine marchande.

« Je vous ai demandé la permission d'examiner le projet du « gouvernement sous toutes ses phases, sous tous ses intérêts; « reste maintenant l'intérêt du trésor auquel l'impôt sur le « sucre rapporte annuellement de 50 à 60 millions. — C'est « un revenu dont notre budget ne saurait abandonner une « trop forte part. — Je vous avoue même que je partage les « craintes sérieuses de ceux de nos Collègues qui voient non-« seulement avec regret, mais avec défiance, combien les in-« térêts des contribuables vont avoir à souffrir de toutes les « demandes et propositions de dégrèvement. — Mais comme, « après tout, nous ne faisons que préparer des travaux légis-« latifs et que nous ne sommes pas chargés de présenter le « bilan du budget de l'Etat, je crois devoir continuer le ré-« sumé de mon opinion sur le tarif des droits des sucres, « sans trop me préoccuper des sérieuses appréhensions de « ceux qui s'effraient de notre situation financière. Sous le

« mérite des explications satisfaisantes de Monsieur le minis-
« tre du commerce qui croit pouvoir espérer que l'ensemble
« des projets présentés, que leur concordance propre à aug-
« menter les recettes, que la plus grande consommation du
« café et du sucre à l'intérieur, que la plus grande exportation
« des conserves à l'extérieur rétabliront à peu près l'équilibre
« des droits; sous le mérite des motifs développés par M. le
« ministre, j'accepte donc avec confiance le projet de loi, et je
« me rallie à ses espérances.

« D'après les considérations qui ont été développées devant
« la commission, nous devons donc espérer que l'abaissement
« du droit devra augmenter la consommation, et que celle-ci
« venant à dépasser les facultés productives du sucre indigène
« et du sucre colonial, ces deux sucres pourront se placer
« concurremment sur notre marché intérieur, tout en lais-
« sant par fois ouverture à l'introduction, et à de certaines
« conditions, du sucre étranger qui pourvoira, comme ap-
« point, mais comme appoint seulement, aux besoins crois-
« sans de la consommation.

« Je pense donc que le projet de loi présenté, sauf quelques
« observations de détail à proposer, est une sage mesure; et,
« en pareille matière, on ne doit pas procéder autrement. —
« Car il ne faut pas, sous prétexte de vouloir agir, de vouloir
« faire, il ne faut pas livrer tout au caprice du hasard. —
« Permettez-moi d'ajouter que les révolutions économiques
« sont aussi funestes parfois que les révolutions politiques;
« quand elles se trompent, elles laissent derrière elles des rui-
« nes irréparables, et un droit supérieur comme celui qui est
« proposé par le sucre indigène, serait l'interdiction dégui-
« sée de cette glorieuse et nationale industrie.

« C'est donc pour éviter de nouveaux et sérieux embarras
« à la situation agricole et commerciale de mon pays, que je
« repousse avec toute l'énergie d'une conviction profonde

« l'amendement de MM. Galos et Ducos, parce que son adop-
« tion consacrerait l'injustice de vouloir faire payer au sucre
« de betteraves, les frais de l'émancipation des esclaves sur-
« venus aux colonies en 1848, comme si déjà cette production
« n'avait pas été atteinte par les conséquences de la crise po-
« litique de cette époque? Je repousse les amendemens pro-
« posés, parce qu'on ne peut pas ajouter foi entière au sys-
« tème des prix de revient qui nous ont été présentés, quand,
« d'un autre côté, nous avons vu les inventaires d'honorables
« agriculteurs qui démontrent que les prix cités par M. De-
« vinck, ne peuvent, qu'avec toute réserve, servir de base à
« l'appréciation de ce que coûte le sucre indigène. Je repousse
« encore les amendemens, parce qu'il serait injuste, par une
« inégalité de droits, de chercher à interdire la culture de la
« betterave au sol français, par le fait qu'on préconise les
« avantages miraculeux des procédés Rousseau, Dubrunfaud
« et autres, qui, à l'état d'essai, ne fonctionnaient encore
« qu'imparfaitement.

« Je repousse, surtout, Messieurs, la diminution des 10 fr.
« que l'on propose sur la surtaxe du sucre étranger, parce
« qu'en allant au fond des choses, on trouve que, pour cer-
« tains de nos adversaires, la théorie du libre échange mari-
« time ne se résume que dans la faculté d'aller chercher des
« sucres à Porto-Rico et à Cuba. — On vous propose de ré-
« duire à 10 fr. la surtaxe protectrice sur le sucre étranger.
« Croyez-vous que ce sera un moyen de rétablir l'équilibre?
« Qu'il sera fait une place à chacun? Au sucre étranger, oui,
« Messieurs, au transport maritime, encore oui; mais au su-
« cre indigène, mais au sucre de nos colonies, je dis non, et je
« vais vous dire pourquoi : l'admission du sucre étranger, même
« accompagné de votre dégrèvement, ne sera pas autre chose
« qu'un nouvel élément de conflit parfaitement semblable à celui
« qui résulte du développement incessant dont on se plaint de la

« sucrerie indigène, et, réfléchissez-y, Messieurs, à une source « première dont vous craignez l'intarissable abondance, vous « allez en ajouter une autre plus intarissable encore, qui ab- « sorbera le marché français, qui appartient au travail natio- « nal; c'est donc par ces considérations que, me résumant, je « vote pour l'adoption du projet de loi qui nous est soumis, « sauf à recommander au gouvernement de sévir plus éner- « giquement contre la fraude, s'il y a lieu. »

Voici le résultat du vote du Conseil général, sur les projets de tarif qui lui avaient été présentés.

Sur le tarif des sucres, il a décidé qu'il y avait lieu d'apporter à la législation les modifications suivantes:

D'abaisser le droit sur les sucres de 20 fr. en quatre années, soit 5 fr. par année;

De maintenir l'égalité des droits entre les deux sucres français;

D'abaisser à 10 fr. la surtaxe sur le sucre étranger;

De prendre pour base du droit pour toutes les natures de sucre, la richesse saccharine constatée au point de vue du rendement en sucre raffiné.

De rechercher les moyens de prévenir la fraude et de faire exercer, si cela se peut, les raffineries.

Sur le tarif des cafés :

Le Conseil général a admis la réduction de 95 fr. à 60 fr. les 100 kilos sur les cafés de provenance étrangère et cela en 6 années;

Sur le Cacao :

La proposition d'en modifier les droits a été rejetée en ce qui concerne la chicorée; il a été décidé que cette production serait imposée de 25 fr. les 100 kilog. et que les fabriques seraient soumises à l'exercice.

Vous trouverez peut-être que je vous ai trop longuement entretenus de la question des sucres. En effet, l'étendue d'un rapport qui doit seulement comprendre sommairement l'examen de nombreuses proportions, ne devait pas vouloir que je m'appesantisse autant sur une seule. Mais votre délégué a pensé, Messieurs, qu'il était dans son mandat de continuer à l'industrie de la sucrerie indigène le même dévouement, le même zèle, qu'en toute occasion la Chambre a montré, soit pour la défense de ses intérêts, soit pour celle de l'agriculture qu'elle n'a jamais séparée, dans l'expression de ses vœux, de ceux des manufactures et du commerce.

Le ministre persistant dans les sages et justes dispositions de son projet de loi, l'a présenté à l'Assemblée nationale sans modification aucune, et fera, dit-on, tous ses efforts pour les y faire prévaloir, c'est-à-dire qu'il demandera que le sucre indigène soit protégé par une surtaxe de 15 fr.

Limitation du travail. Décret du 9 sept. 1848.

Les dispositions additionnelles à la loi du 22 mars 1841 relativement aux enfans employés dans les manufactures, le projet de loi destiné à consacrer le repos du dimanche, et le réglement d'administration publique, nécessaire pour assurer l'exécution de la loi sur les heures de travail, ont été l'objet de discussions graves et approfondies. Ces trois projets avaient été renvoyés à la même commission. Le bénéfice de la limitation du travail fixé par le décret du 9 septembre 1848, a été maintenu comme règle générale pour tous les établissemens dirigés par un ou plusieurs patentés.

Dans les comités, plusieurs objections avaient été présentées contre l'esprit du décret de 1848.

Je dois vous en rendre compte : on a dit et soutenu que la limitation qu'il prescrit, était une atteinte à la liberté du citoyen ; qu'elle était même en contradiction avec l'article 13 de la constitution, ainsi conçu :

« La Constitution garantit aux citoyens la liberté du travail « et de l'industrie. »

On a dit encore qu'il n'appartenait pas à l'Etat de s'immiscer arbitrairement dans les conditions du contrat volontairement consenties du patron et de l'ouvrier; que c'était une porte laissée ouverte aux éventualités de l'avenir. — A l'appui de cette opinion, on a cité ce fait significatif que je livre à vos méditations; le voici : le 24 février 1848, une révolution s'accomplit, et sur les monumens de la France et en tête de ses actes publics on inscrivit le mot : Liberté !

Cependant sept jours après, c'est-à-dire le 2 mars, un décret du gouvernement provisoire impose deux limites à la durée du travail du citoyen, — une limite pour les départemens, une limite pour Paris, — onze heures pour les départemens et dix heures pour Paris. Pourquoi cette différence? On a prétendu qu'elle provenait de ce que le gouvernement qui venait de s'établir pensait devoir plus aux ouvriers de Paris et moins aux ouvriers des départemens. Nous n'avions pas à apprécier les actes du gouvernement provisoire; mais, quoi qu'il en soit, il importe de ne pas laisser la législation du travail et du contrat aux éventualités des événemens politiques.

Pour l'enfance et l'adolescence, on comprend l'intervention de l'Etat dans des mesures qui peuvent être salutaires à l'amélioration et à la constitution robuste de la population; mais pour les hommes qui savent ce qu'ils peuvent entreprendre ou ne pas entreprendre, pourquoi cette immixtion du pouvoir dans la formation de contrats volontairement proposés et acceptés ? Ces objections qui avaient une grave portée n'ont cependant pas été admises ni par la commission, ni par le Conseil général. Il a été déclaré au contraire que la limite de 12 heures paraissait la fixation la plus convenable pour conserver, sans affaiblissement, les forces de l'ouvrier; qu'elle suffisait pour obtenir, dans un temps continu et prolongé, le plus grand effet utile que puisse donner le travail de l'homme.

D'après l'article 2 du décret du 9 septembre 1848, des réglemens d'administration publique doivent déterminer les exceptions qu'il sera nécessaire d'apporter à la limite générale, relativement à la nature des industries et des causes de force majeure. Le Conseil d'état est chargé de peser la valeur de toutes les objections qui lui seront présentées, et elles sont nombreuses; c'est lui qui devra concilier les intérêts généraux de l'industrie avec les intérêts de la santé des travailleurs.

Il devra autoriser dans certains cas et pour certaines industries d'outrepasser la journée de 12 heures de travail; déterminer ce qu'on entend par travail effectif, c'est-à-dire le travail réel, c'est-à-dire celui seulement pendant lequel la machine tourne et fonctionne.

Dans l'intérêt de l'industrie de notre circonscription manufacturière, j'ai dû joindre ma signature à celle de mes Collègues qui représentaient des productions similaires aux nôtres, ou ayant les mêmes intérêts que nous pour demander que l'on excepte, comme en Angleterre, des prescritions du décret, les fabriques de tulles, les ateliers de grillage, blanchissage, impressions et teintures.

J'ai demandé aussi que pour certaines circonstances il y ait une réserve convenable et stipulée dans le réglement d'administration publique pour le cas par exemple de réparations à faire aux métiers, pour les changemens de préparations à obtenir promptement dans les filatures, et enfin pour les travaux pressans pour expéditions d'Outre-Mer ou autres; il est probable qu'il sera fait droit à ces demandes.

Voici les conditions du réglement d'administration publique adoptées par le conseil général :

« 1°. Le bénéfice de la limitation du travail fixé par le dé-
» cret du 9 septembre 1848 est établi comme règle générale
» pour les usines et manufactures.

» 2°. L'exécution du décret s'étendra, quant à présent, aux
» établissemens industriels ayant au moins dix ouvriers de
» de tout âge et de tout sexe sous un ou plusieurs chefs pa-
» tentés.

« 3°. Le réglement d'administration publique ordonné par « le décret comprendra : en premier lieu, les catégories d'éta- « blissemens plus ou moins insalubres ou délétères, dans les- « quels on doit abaisser le maximum de la journée; en second « lieu, les catégories d'établissemens où, pour des cas énumé- « rés, la limite du travail peut être étendue au-delà de 12 « heures, établies par le décret.

« 4°. Toute extension, toute restriction ultérieure ne pourra « avoir lieu sans une enquête préalable et sans un nouveau « réglement d'administration publique, après avoir consulté « les chambres de commerce, les chambres des manufactures « et entendre leurs délégués.

« 5°. Sauf le cas d'urgence, la permission d'accroître la du- « rée du travail doit être déférée aux autorités locales; — les « mêmes limitations, les mêmes exceptions devront, pour une « même industrie, maintenir l'égalité d'un bout à l'autre de la « France.

« 6°. Sauf les exceptions établies par l'article 3 de la loi de « 1841, les manufactures et les usines auxquelles seraient ac- « cordées des prolongations de travail par voie de relais, ne « pourront faire servir aux relais de nuit ni des hommes au- « dessous de 16 ans, ni des femmes, quel que soit leur âge.

« 7°. La même inspection surveillera la durée du travail en « exécution du décret du 9 septembre 1848 et le travail des « enfans, des adolescens et des femmes dans les manufactures, « usines, etc.

Vous aviez été appelés à délibérer déjà sur un projet de loi relatif à la cessation du travail pendant les jours de fête.

Vous vous rappelez, Messieurs, que le gouvernement avait un instant songé à remettre en vigueur la loi du 18 novembre 1814, cette loi qui, à son article 3, défend dans les villes dont la population est au-dessous de 5000 âmes, aux traiteurs, limonadiers, maîtres de paume et de billard, de tenir leurs maisons ouvertes pendant le temps des offices, et, qu'à cette demande vous aviez répondu : que cette loi ne concernant que les actes extérieurs, elle ne pourrait d'abord pas remplir le but qu'on se proposait et qu'ensuite vous persistiez à penser que les salaires comme la durée du travail, comme le choix des jours et heures de travail, devait se régler par l'offre des conditions, sans autre restriction que l'acceptation volontaire des contractans.

La majorité du conseil et la commission ont décidé, sur la demande du gouvernement, que la loi du 18 novembre 1814 serait écartée, mais que les travaux particuliers sous un chef patenté ainsi que les travaux publics seraient interdits pendant les dimanches et les fêtes reconnus par les lois.

Toutefois, des exceptions ont été admises, en raison de la nature de certaines branches de commerce ou d'industrie dont les travaux ne peuvent être suspendus et pour les réparations et le nettoyage des machines.

Travail des enfans dans les manufactures.

Des modifications à la loi du 22 mars 1841, concernant le travail des enfans dans les manufactures ont été aussi proposées et acceptées.

Voici en quoi elles consistent :

On a étendu à tous les établissemens, l'application de cette loi qui n'embrasse actuellement que les manufactures occupant au moins 20 ouvriers.

On a abaissé à 6 heures la durée du travail pour les enfans de 8 à 12 ans; par cette considération : que cette durée de six heures était suffisante pour l'organisation des relais, puisqu'elle représentait juste une demi-journée et qu'elle laisserait d'ailleurs plus de temps aux enfans pour compléter leur instruction.

On assure aussi aux adolescens de 12 ans, deux heures d'école du dimanche, pour continuer leur enseignement primaire et religieux.

Les Conseils ont ensuite adopté une série d'articles relatifs à la création d'inspecteurs salariés et à l'organisation de l'inspection pour assurer positivement l'exécution sérieuse et uniforme de la loi.

Nous devons toujours vous dire comment on entend créer et organiser cette inspection :

« Les inspecteurs de l'instruction primaire seront chargés « de constater l'instruction des enfans qui suivent les ateliers « et les manufactures.

« On adjoindra un agent salarié aux commissions de surveil- « lance établies suivant l'importance des districts manufactu- « riers par arrondissement ou par canton, pour surveiller l'é- « xécution des lois sur le travail.

« On confiera à des inspecteurs généraux rétribués, visitant « tour à tour les différentes parties de la France, la surveil- « lance uniforme et supérieure des établissemens placés sous « le régime des lois protectrices ; les rapports annuels des ins- « pecteurs généraux seront textuellement publiés.

« Il sera ordonné que les réglemens d'administration pu- « blique, complètement définis par la loi du 22 mars 1841, se- « ront promulgués en 1851, pour protéger le travail, la santé, « la moralité, l'instruction des enfans et des adolescens. Ces « mesures protectrices seront étendues au travail des filles et « des femmes.

Pourra-t-elle l'être ? bien des industriels y voient de sérieuses impossibilités.

La question des marques de fabrique, une des plus controversée de toutes les questions de garantie commerciale, avait plusieurs fois déjà été soumise à l'examen des assemblées délibérantes.

En 1842, elle fut même l'objet d'un rapport aux Conseils généraux du commerce et des manufactures.

En 1845, un projet de loi avait été apporté à la chambre

des pairs qui lui avait consacré une longue discussion, et ce même projet présenté à la chambre des députés était même arrivé à l'état de rapport, lorsque les événemens de février ont empêché de le discuter.

Il était naturel que le gouvernement qui avait jugé utile de rechercher les conseils des hommes compétens, qui avait eu la pensée de convoquer les Conseils généraux, s'empressât de leur soumettre les différentes questions qui se rattachaient à ce projet.

Pour ménager vos momens dont j'ai peur d'abuser, je vous demanderai, Messieurs, la permission de ne vous indiquer seulement que les dispositions les plus importantes, négligeant celles de détails. La marque sera facultative. On avait demandé qu'elle fût obligatoire; mais cette proposition a été rejetée. On réserve au gouvernement le soin de décider par des réglemens d'administration publique les genres d'industrie pour lesquelles la marque devra être obligatoire. Ces réglemens d'administration publique ne devront être toutefois rendues qu'après avoir pris et reçu les avis des chambres de commerce et des manufactures.

La marque pourra être simplement nominative, c'est-à-dire indiquant le nom du fabricant, ou significative.

Dans ce dernier cas, la marque nominative sera toujours jointe à la marque significative.

On devra indiquer le nom de la contrée ou du lieu où la fabrication est assimilée à la marque significative.

Tout fabricant ou producteur qui voudra indiquer sur ses produits le nom du lieu de la fabrication, sera tenu d'y inscrire en outre son nom ou sa raison sociale.

Par ces mots : lieu de fabrication, on devra entendre le groupe d'industries qui prend son nom d'un centre commun et que l'usage a consacré. Pour Saint-Quentin le centre manufacturier est grandement étendu. Son appréciation sera laissée aux Tribunaux.

La juridiction appelée à connaître des infractions à la loi

sur les marques de fabrique sera, pour les contestations d'intérêts particuliers, le Tribunal de commerce, pour les infractions contre les prescriptions d'ordre public et celles qui entraîneront une pénalité, le Tribunal de police correctionnelle.

Le Président du Tribunal de commerce ; à son défaut le Président du tribunal civil, ou le Juge de paix, aura le pouvoir d'autoriser la saisie sous la responsabilité de celui qui présentera requête. L'ordonnance de saisie pourra exiger un cautionnement que le requérant sera tenu de consigner.

Voilà à peu près, et sans développement, les principales dispositions qui ont été acceptées dans le projet de loi sur les marques de fabrique.

Ce projet, qui doit apporter, suivant les expressions de M. le ministre du commerce, dans le pays industriel, des résultats importans, au point de vue de la moralité et de la sûreté des transactions, atteindra-t-il son but ?

Je le désire, tout en reconnaissant la difficulté pratique de définir et de régler l'usage de la constatation de la propriété industrielle.

Brevets d'invention. La loi sur les brevets d'invention qui cherche à entourer la pensée industrielle de tous les droits protecteurs de la propriéte, a occupé les momens du comité des manufactures. Mais sa discussion a été ajournée au Conseil général.

Je n'entrerai pas dans tous les détails de cette discussion au comité; car plusieurs fois vous avez été appelés, Messieurs, à donner votre avis sur les projets destinés à garantir aux inventeurs la récompense de leurs travaux, et il est peu de parties de votre législation qui n'ait été l'objet d'études plus approfondies et de débats plus solennels que ceux qui concernent les inventions de l'industrie.

La loi du 7 janvier 1791, vous avez été à même de la connaître, est un des beaux monumens législatifs de la constituante, que la loi du 5 juillet 1844 a cherché à compléter.

Le gouvernement avait cru devoir saisir le Conseil général de l'agriculture, des manufactures et du commerce, de plusieurs questions que l'expérimentation des lois de 1791 et de 1844 a soulevées, et dont la solution simplifierait incontestablement certain rouage de la législation, et diminuerait le nombre des contestations qui, dans maintes circonstances, annulent entre les mains des inventeurs, les avantages que l'on a tenu à leur assurer. Il est à regretter qu'elles n'aient pas été discutées en séance publique.

Ainsi, les comités étaient consultés pour savoir s'il fallait exiger que les descriptions et dessins dont il est fait mention en l'article 5 de la loi précitée, soient transmis en triple expédition.

La réponse à cette question a été affirmative, et il a été décidé qu'il serait exigé que les pièces dont la production sera commandée par la loi, soient transmises en triple expédition au ministre du commerce. Le demandeur devra aussi faire constater à ses risques et périls la conformité des copies et de l'original des descriptions. Les motifs qui ont déterminé le comité dans cette résolution sont ceux-ci :

Qu'il faut dégager le gouvernement de la responsabilité des erreurs qui peuvent se commettre dans les transcriptions et de la difficulté qui existe pour lui de s'assurer, en cas de différence entre les deux copies remises, des intentions réelles du demandeur.

On a ensuite discuté si la durée du privilége de l'inventeur en ce qui concerne la faculté d'inscrire des changemens, additions ou perfectionnemens, doit être réduite à 6 mois ?

Cet avis a été partagé par le comité. Il a été décidé qu'il convenait de fixer à 6 mois l'époque, avant l'expiration de laquelle les descriptions et dessins ne pourront être communiqués en public.

Pendant toute cette durée de six mois, les demandes avec leurs descriptions et dessins devront rester sous le cachet de l'inventeur.

Je ne vous dirai pas le chiffre des taxes applicables aux brevets pour une durée de une à quinze années, ce serait trop long.

Je n'entreprendrai pas non plus de vous faire connaître les motifs fort controversés qui ont décidé le comité des manufactures à ne pas se prononcer immédiatement sur la question qui était la plus importante du projet, sur la question de savoir s'il conviendrait d'attribuer, soit à un jury unique siégeant à Paris, soit à des jurys départementaux, les jugemens des délits de contrefaçons et de toutes les contestations qui intéressent les inventeurs.

Je vous dirai seulement que, pour répondre au gouvernement et laisser le temps d'étudier la question, faute d'une solution plus définitive à formuler, on s'est contenté de déclarer qu'il y avait lieu préalablement de faire consulter sur cette question non-seulement les chambres de commerce et des manufactures, mais encore la magistature. Toutefois j'ai cru voir que l'opinion qui semblait devoir prévaloir dans le sens du comité était celle de confier cette appréciation aux Tribunaux consulaires.

Plombage des colis en douane.

Le commerce d'exploitation s'était plaint de l'exagération du prix du plombage des colis en douane; avec le consentement de M. le ministre du commerce, il a été décidé que les frais seraient réduits à la valeur matérielle des plombs. C'est encore une économie pour le commerce.

Engrais industriels.

La fabrication des engrais industriels a pris, chez nos voisins d'Outre-Manche, un essor considérable. — Cette industrie née en France, y est déjà paralysée par les fraudes dont la préparation de ces engrais n'ont pas tardé à être l'objet. L'usage cependant s'en est répandue dans les départemens de l'Ouest, d'une manière assez importante. On évalue à 50 millions la vente qui s'y est faite.

On avait à décider quel serait le moyen d'empêcher cette fraude? Cette question, soumise aux délibérations du Conseil général, a eu la solution suivante :

« Sur la demande des chambres d'agriculture et de commerce, « et, après avoir consulté les Conseil généraux, il pourra être « établi des bureaux d'essai pour déterminer la composition des « engrais artificiels et amendemens en vue de la constatation de « la fraude.

« La pénalité, conformément à l'article 423 du code pénal, « pour le cas de fraude, sera révisée, et le mode d'autorisation « pour obtenir la création des bureaux pour la vérification des « matières employées dans les manufactures, ou livrées par le « commerce à la consommation, devra être ultérieurement in- « diqué. »

Sur une question que je vous avoue m'être complètement étrangère, je ne puis, par mes souvenirs, compléter ces renseignemens : je n'ai pu que vous indiquer sa solution sans entrer dans d'autres détails sur cette matière qui regarde peu nos contrées.

Il m'en reste assez à vous développer, car en me reportant au grand nombre de questions qui ont été soumises au Conseil général, en me reportant surtout à celles dont j'ai encore à vous entretenir, je vous avoue, mes chers Collègues, que je me suis demandé si je devais ou non continuer à vous faire connaître les principaux travaux de ce Conseil. Je vous avoue que, pour entreprendre de vous présenter le résumé, même très-sommaire des discussions et des décisions qui y sont survenues, il a fallu que je fusse profondément convaincu que j'accomplissais devant vous un devoir de conscience, que comme mandataire je vous devais compte de votre mandat ; car sans cette conviction, je n'eusse pas osé condamner votre bienveillance pour moi à supporter une lecture aussi longue.

Ce travail toutefois aura un but utile, je l'espère; ce sera de vous faire connaître les projets qui concernent soit l'agriculture, les manufactures ou le commerce, et qui devront bientôt être convertis en propositions législatives et de vous initier préalablement aux discussions, aux bonnes intentions du gouvernement pour le commerce français.

Pour les questions qui regardent plus spécialement les intérêts agricoles, le gouvernement avait chargé le conseil d'examiner comment on pourrait soulager l'agriculture qui souffre de l'avilissement des prix de ses produits.

Il lui avait demandé de rechercher les moyens de favoriser les transports intérieurs, de développer le crédit agricole et d'encourager les irrigations.

Vous n'attendez sans doute pas de moi que j'entre profondément dans l'examen de ces questions. Je me contenterai, quant à celle-ci, de vous indiquer les propositions les plus importantes qui ont été soumises à nos discussions; mais il en est d'autres, celles, par exemple, celles qui touchent à l'organisation générale des conseils de l'agriculture et des manufactures, qui traitent des concordats par abandon; des caisses de retraites et de secours mutuels; du régime douanier en Algérie, de la révision de la législation pour les sociétés, qui nécessiteront un examen plus approfondi.

Sur ces questions qui touchent de si près aux intérêts que nous sommes chargés de défendre, je vous demanderai la permission de moins restreindre les renseignemens que je crois utile de donner à la chambre.

Organisation du Conseil général.

L'organisation du Conseil général lui-même, l'organisation des chambres d'agriculture, des manufactures et du commerce, vous le comprendrez, Messieurs, est une des plus graves questions qui ait été soumise à l'examen des trois conseils.

La commission qui avait été nommée et dont j'avais l'honneur de faire partie, avait le mandat difficile d'examiner ce que devra être à l'avenir le mode d'élection, l'initiative, la mission spéciale, l'organisation intérieure, les attributions et le régime financier des chambres consultatives. Elle devait examiner s'il ne convenait pas de les assimiler en tous points aux chambres de commerce.

Elle avait en outre à proposer la création des chambres d'agriculture sur des bases qui puissent concilier les opinions divergentes des organes de l'agriculture eux-mêmes.

Plusieurs systèmes étaient en présence, et ce n'est qu'après de bien longues discussions que les théories les plus opposées ont pu à peu près se mettre d'accord.

Voici le résumé des principales résolutions présentées par la commission, résolutions qui, sauf de légères modifications, ont été adoptées par le Conseil général.

Comme vous le remarquerez, Messieurs, c'est un plan complet d'organisation des trois conseils qui, réunis, sont appelés à former par leur ensemble la représentation des différentes branches de la production nationale.

D'abord, en première ligne, Monsieur le ministre de l'agriculture et du commerce, président du conseil général, exerçant tous les droits du pouvoir exécutif avec une augmentation d'attributions pour tout ce qui touche aux intérêts de l'agriculture et du commerce;

Après lui, et, sous sa présidence, le Conseil général de l'agriculture, des manufactures et du commerce, réunissant dans une session annuelle les représentans des trois grands intérêts du travail;

Organisation des Chambres des Manufactures et du Commerce.

Enfin les Chambres d'agriculture, des manufactures et du commerce, placées sur les lieux même où se concentrent ces divers intérêts, et étudiant sans cesse, pour les faire connaître au gouvernement, les vœux et les besoins de la production et du commerce de notre pays.

Il y avait ensuite à pourvoir à l'organisation de ces trois chambrés, pour qu'elle ait lieu dans un bref délai, on a demandé qu'il y soit procédé par un réglement d'administration publique.

Il a ensuite été décidé que les chambres consultatives des arts et manufactures, comme les chambres de commerce, prendraient désormais la dénomination de Chambres de commerce et des manufactures. Que leurs organisations seraient les mêmes; qu'elles seraient placées sur le même pied d'égalité, avec les mêmes pouvoirs, le même mode d'élection et les mêmes ressources financières. Seulement, pour la formation du Conseil général, le ministre devra chercher à subordonner au caractère de l'activité locale, la fixation du conseil auquel telle ou telle chambre devra appartenir.

La fabrique et le commerce forment deux ordres d'intérêts distincts.

Les délégués des districts manufacturiers devront composer le Conseil général des manufactures, ceux des places de commerce, le Conseil général du commerce, et cela dans une proportion autant que possible égale entre les deux sources d'intérêts, hélas! trop souvent contraires.

On avait essayé de proposer de confondre les intérêts commerciaux et manufacturiers dans un seul et même conseil.

Si les considérations mises en avant pour combattre ce projet, n'avaient pas été jugées suffisantes, le Conseil général n'avait qu'à se reporter attentivement aux tendances des deux conseils durant toutes les discussions de la session, pour se convaincre qu'entre la manufacture qui produit et le commerce qui vend, il y avait deux systèmes bien différens de comprendre l'avenir et les intérêts du travail national.

La commission et le conseil ont en outre reconnu l'inconvénient qu'il y aurait à ne rencontrer dans les discussions que deux grands comités : celui de l'agriculture et celui des manufactures et du commerce. On s'est alors demandé, en cas de désaccord entre eux, où serait l'élément pondérateur ? comment on les partagerait ?

Il a donc été décidé qu'il fallait maintenir dans le conseil général la distinction du comité des manufactures, de celui du commerce, tout en demandant que les intérêts manufacturiers et commerciaux reçussent une organisation similaire, et que pour cela leurs représentations eussent également la même origine, les mêmes attributions et le même but.

Le Conseil général a été d'avis que les membres des chambres de commerce et des manufactures fussent nommés par les commerçans et les industriels inscrits depuis une année au moins, sur le rôle des patentés des trois premières classes et par les juges en exercice ou anciens des tribunaux de commerce, des chambres consultatives ou de commerce, et des conseils de prud'hommes ; que le nombre des membres des chambres de commerce et des manufactures fût de 21 au plus, excepté à Paris où il sera de 27.

Pour notre circonscription manufacturière, j'ai demandé à M. le ministre que le nombre des membres de notre chambre ne fût, en aucun cas, au-dessous de 12. Il a bien voulu me promettre qu'il serait fait droit à cette demande.

La question si importante de savoir si on abandonnerait aux trois premières classes de patentés le droit de nommer les membres des chambres de commerce, n'a pas été résolue à l'unanimité, sans de vives discussions.

Il avait été proposé d'appliquer pour l'élection des chambres de commerce le décret rendu le 28 août 1848 pour modifier les articles 618 et 619 du code de commerce, en ce qui concerne celles des tribunaux de commerce, c'est-à-dire d'appeler à nommer les patentés de toutes les classes, pourvu qu'ils aient cinq années de patentes. Cette proposition, qui méritait d'être sérieusement examinée, a été chaudement défendu par ceux qui avaient le désir d'adopter, autant que possible, des conditions uniformes pour constituer la capacité électorale en matière de commerce, et la pensée d'empêcher beaucoup d'erreurs, d'éviter chaque année une dépense considérable et de simplifier ensuite la confection des listes électorales.

Cette demande, pas plus que celle que conférait la double qualité d'électeurs et d'éligibles à tous les commerçans inscrits depuis un an sur la liste des patentés, n'a pas été admise ni par la majorité de la commission ni par la majorité du Conseil général. On a pensé que les classes de patentés désignés par l'article 33 de la loi du 25 avril 1845, pour supporter les dépenses des chambres de commerce, devaient être seuls appelés à l'élection.

Un article a de plus été ajouté pour stimuler le zèle des électeurs; il a été voté : « qu'à défaut de la présence du 6me des « électeurs inscrits, le scrutin serait annulé et les chambres « de commerce et des manufactures seront nommés par une « commission composée des membres de la chambre, des ju- « ges du Tribunal de commerce, des membres du Conseil gé- « néral et du Conseil des prud'hommes. »

Pour être éligible, il faudra être inscrit depuis au moins cinq années sur la liste des patentés de la circonscription de la chambre. Les anciens commerçans pourront aussi être élus dans la proportion d'un tiers du nombre total des membres de la chambre, pourvu qu'ils aient au moins trente ans. Les fonctions des membres dureront trois années. Ils ne pourront être réélus qu'une fois sans interruption d'exercice. Bien que les préfets et sous-préfets soient membres-nés et présidens d'honneur des chambres de commerce, celles-ci nommeront chaque année un président, et, s'il y a lieu, un vice-président.

Dans les cérémonies publiques, les chambres de commerce prendront rang immédiatement après les Tribunaux de commerce. Les dépenses et moyens de pourvoir aux dépenses des chambres continueront d'être réglés conformément à la loi du 28 ventose an IV, à l'arrêté du 3 nivose an II, au décret du 23 septembre 1806 et aux lois des 23 juillet 1820 et 25 avril 1844.

Voilà, Messieurs et chers Collègues, à peu près les principales dispositions qui doivent régir l'organisation des chambres de commerce et des manufactures.

Il vous sera facile, d'après cet exposé, de comprendre les motifs déterminatifs de ce projet sanctionné par le vote du Conseil général.

Chambres d'Agriculture.

L'organisation des chambres d'agriculture renfermait d'autant plus de difficultés que Messieurs les membres du Conseil général appelés à représenter l'agriculture n'étaient pas d'accord entr'eux sur la composition du corps électoral qui devait élire les chambres d'agriculture.

Enfin, après de nombreuses discussions, voici les résolutions acceptées : Un réglement d'administration publique, comme pour les chambres de commerce, statuera, en ce qui concerne la création et l'organisation des chambres d'agriculture.

Le territoire sera divisé en circonscriptions agricoles dont le nombre ne sera pas moindre de 86. Le nombre des membres de chaque chambre d'agriculture sera de 30 au plus.

Seront électeurs agricoles tous ceux qui, âgés de 25 ans et domiciliés depuis un an dans la commune, se trouveront être dans les conditions suivantes :

S'ils sont propriétaires ruraux, chefs d'une exploitation agricole qu'ils dirigent comme fermiers, colons partiaires ou métayers. Comme des difficultés se présentaient pour définir les conditions si diverses de la richesse du sol dans les différentes parties de la France, on a commencé à investir le Conseil général de chaque département, du droit de déterminer le montant du revenu imposable que devront présenter, soit les terrains ruraux, soit l'exploitation agricole, pour constituer le droit électoral en faveur des propriétaires, des fermiers, des colons partiaires et des métayers. Tout électeur sera éligible.

La chambre d'agriculture aura au moins une réunion annuelle. Sa session ne pourra durer plus de 14 jours.

La chambre se subdivisera en commissions auxquelles elle pourra adjoindre des membres correspondans.

Ces commissions auront pour attribution l'examen des questions agricoles propres aux localités où elles seront établies.

Les membres des chambres d'agriculture, nommés pour trois années, sont rééligibles. Je ne sais pourquoi on a refusé le même avantage aux chambres de commerce; j'en avais fait la proposition. Les attributions des chambres d'agriculture seront, pour le surplus, réglées conformément à celles des chambres des manufactures et de commerce.

Chaque chambre d'agriculture nommera un délégué au conseil général de l'agriculture, des manufactures et du commerce.

Les budgets de ces chambres seront dessés par elles, arrêtés par le ministre de l'agriculture et du commerce; sur l'avis du préfet, le montant de ces budgets sera imputé sur la première section du budget départemental.

Ces propositions qui doivent être revues, vont très-incessamment être transformées en décret.

Après ce travail qui presse d'autant plus qu'il doit précéder la convocation des Conseils généraux des départemens, le ministre doit procéder à la réorganisation des chambres des manufactures et du commerce, conformément aux décisions qui viennent de vous être indiquées. C'est dans la prévision de cette réorganisation générale de toutes les chambres de commerce et des manufactures qu'il a été décidé par M. le ministre de l'agriculture et du commerce que la Chambre de commerce de St.-Quentin ne serait élue qu'au moment où il aurait été pourvu à la nomination générale de toutes les chambres des manufactures et de commerce.

Caisses des retraites.

L'institution en France des caisses de retraites vient d'être définitivement fondée par le vote de l'Assemblée législative.

Un autre projet de loi intimement lié à celui-ci, sinon pour la forme, du moins dans son principe de bienfaisance ; le projet relatif aux caisses de secours mutuels va très-incessamment y être discuté. L'un sera le corollaire de l'autre.

Pour cette raison, peut-être aurais-je pu me dispenser de vous entretenir des caisses de retraites et des caisses de secours mutuels? Je ne l'ai pas pensé, Messieurs; j'ai cru qu'il était de mon devoir de vous dire les faits principaux, les discussions les plus importantes qui se sont passées au conseil général, et, ce devoir de ne rien éluder, j'ai tenu à le remplir aussi complètement que possible, avec conscience et dévouement.

Tous les esprits se préoccupent aujourd'hui, avec raison, de questions de secours, de charité, d'assistance, et nous devons nous féliciter qu'il en soit ainsi.

De cette préoccupation, il en sortira probablement plus et mieux que des systèmes et des lois; il en sortira, on doit l'espérer, des habitudes de bienfaisance, de charité et des institutions qui se développeront pour l'honneur de notre société et pour l'amélioration du sort de ses habitans.

La nécessité de créer des caisses de retraite était depuis long-temps généralement sentie; et, si l'on a varié sur le mode, sur l'exécution à leur donner, on a été d'accord sur le besoin.

Tout le monde a reconnu la nécessité d'exciter l'esprit de prévoyance et de faciliter à l'ouvrier le moyen de s'assurer, après une vie honorable de travail, une existence au-dessus de la misère.

C'est dans ce but que le Conseil général consulté, a cru ne pouvoir mieux faire que d'approuver et d'appuyer les vues du gouvernement sur cette importante question.

Voici les principales dispositions qui servent de texte au projet de loi :

1°. L'existence des caisses de retraites jugée utile et ne pouvant être assurée qu'autant qu'elles seraient placées sous la garantie de l'Etat ;

2°. Ces retraites devant être exclusivement le résultat de dépôts facultatifs, sans qu'aucune contribution de ce genre puisse jamais être obligatoire.

L'Etat chargé de recevoir les dépôts, d'accumuler les intérêts successifs et de rendre le tout ensuite sous la forme de rentes viagères calculées sur des bases d'intérêts et des lois de mortalité fixées à l'avance ;

3°. Le taux de l'intérêt fixé, quant à présent, à 5 %;

4°. Les fonds déposés et les intérêts à en provenir étant exclusivement employés en achats de rente sur l'Etat et le capital du dépôt pouvant être, sur la demande du déposant, restituée à ses héritiers ou ayans droit après sa mort ;

5°. Le versement commençant à l'age de trois années et la pension étant ensuite réglée de 50 à 60 ans, au choix du déposant. Voilà les principes acceptés.

Comme je viens d'avoir l'honneur de vous le dire, Messieurs, la loi qui a été présentée à l'assemblée, de même que le projet émanant du Conseil général, s'étaient à peu près rencontrés sur ces dispositions générales. Sur tous ces points, on était dans le plus parfait accord. Il n'en avait pas été malheureusement ainsi sur ces deux questions : le maximum de la pension sera-t-il fixé à 360 ou à 600 fr. ? Sera-t-il alloué des primes par l'Etat aux plus âgés des premiers déposans ?

Le chiffre de 360 fr. comme maximum de la pension n'avait été fixé par le Conseil général qu'à une faible majorité. Cette majorité formée de presque tous les membres du comité de l'agriculture s'était refusée à dépasser ce chiffre de 360 fr.

Celui de 600 fr. avait au contraire trouvé beaucoup d'adhérens dans le comité des manufactures.

Cette différence du vote de deux comités qui s'étaient souvent rencontrés dans leurs vœux, pouvait sembler extraordinaire; et, cependant cette différence s'expliquait tout naturellement: aux yeux des agriculteurs, une pension annuelle de 360 fr. était jugée suffisante pour les ouvriers économes des campagnes, habitués à vivre d'un salaire minime et à cultiver une partie de leurs nourritures. Tandis que les industriels, de leur côté, croyaient devoir appuyer la fixation du taux maximum de 600 fr., parce que cette pension de retraite n'était pas, selon eux, trop élevée pour les ouvriers des villes, entraînés par la nature des choses à contracter des habitudes d'existence plus dispendieuses, et, afin de leur conserver dans leurs vieux jours, à peu près la même existence qu'ils auraient eue pendant l'exercice de leur profession.

L'Assemblée nationale, à la troisième lecture de ce projet de loi, a relevé de 360 fr. à 600 fr. le maximum de la pension de retraite, comme le demandaient M. le ministre du commerce et la majorité du Conseil général; avec la réserve toutefois que 360 fr. constitueraient seulement un capital incessible et insaisisable.

L'Assemblée législative a donc donné gain de cause au vote du comité des manufactures. Il n'en a pas été de même pour la question des primes.

La même majorité qui avait refusé le chiffre de 600 fr. au Conseil général avait cru, j'ai dit malheureusement, et je crains que ce ne soit vrai, la même majorité avait cru devoir s'opposer à l'allocation par l'état de primes à accorder pour encourager les premiers versemens dans la caisse de retraites. Ces primes, suivant le projet du gouvernement, pouvaient s'élever, au maximum, à 2,500,000 fr.

Cette décision capitale pour les bienfaits à attendre du projet de loi, avait été regrettée généralement.

Elle le fut par le ministre du commerce, M. Dumas, si constamment dévoué aux intérêts agricoles et manufacturiers du pays, si dévoué à l'amélioration du sort des ouvriers laborieux et économes. Elle le fut aussi par la grande majorité du comité des manufactures et par son bureau qui chercha lui-même à présenter un amendement qui, au lieu de 2,500,000 fr. demandés pour primes à donner aux premiers déposans, ne réclamait plus que 625,000 fr. Le but de cette proposition était d'abord, par la modicité de ses chiffres, de faire revenir le Conseil sur son vote; et ensuite de faire inscrire le principe des primes dans cette loi, afin de leur former une première clientèle et d'appeler à y prendre part les ouvriers, par un encouragement justement mérité.

L'honorable président du comité des manufactures, que l'industrie Française est toujours certaine de rencontrer quand il y a un avantage à solliciter pour elle ou ses intérêts à défendre, M. Mimerel avait, de concert avec M. Lislebeuf, présenté et soutenu avec éloquence et conviction cet amendement qui consistait : « A autoriser les Sociétés de secours mutuels à pré-« senter au ministre du commerce par l'intermédiaire des pré-« fets, ceux de leurs membres qui, après la promulgation de « la loi, auraient versé au minimum 10 fr. pendant cinq an-« nées consécutives, et qui auraient fait preuve d'ordre, de « sagesse et d'économie, dans l'emploi de leur salaire jour-« nalier.

« Le ministre, après ces cinq années, aurait pu répartir « sur ces déposans et verser pour eux, à la caisse des re-« traites, 25,000 primes de 25 fr. chacune. »

C'était un sacrifice de 625,000 fr., pas plus, au lieu des 100,000 primes de 25 fr., soit 2,500,000 fr. demandés par le gouvernement. La prime, en cette occurrence, n'était autre chose qu'une excitation donnée à l'esprit d'ordre et d'économie.

Or, pourquoi l'Etat n'encouragerait-il pas la prévoyance comme il encourage les beaux-arts, l'exportation de nos produits, l'élève des bestiaux ? Les primes, pour la pêche de la morue et de la baleine, ne coûtent-elles pas quatre millions au budget.

En agissant ainsi, l'Etat ne sortait pas, suivant moi, de son rôle, et pouvait faire beaucoup de bien.

Cet amendement, comme j'ai eu l'honneur de vous le dire, rejeté au Conseil général, le fut aussi à l'Assemblée nationale. Peut être est-il à craindre qu'en s'astreignant trop rigidement aux principes les plus stricts de l'économie politique, en rejetant le système des primes que le gouvernement et la commission proposaient, on ait rendu très-difficile et très-lente la mise en pratique des idées généreuses qui l'ont inspirée en faveur des classes laborieuses.

En certaines circonstances, il est parfois de bonne politique de faire fléchir les principes absolus devant des nécessités reconnues.

Pour décider le Conseil à accueillir l'amendement de M. Mimerel, il avait été dit : que l'ouvrier chez lequel le sentiment d'économie existe à peine, n'apercevrait pas assez vîte les avantages qui résulteraient pour lui d'une institution qui ne lui rapportera profit qu'après un travail de 20 à 30 ans, et qu'il fallait chercher à tenter sa prévoyance par l'encouragement d'une prime accordée après un court délai.

Tous les argumens ont dû céder devant la réalité du vote !!! Le Comité des manufactures s'était vivement préoccupé de cette question, elle était grave et décisive.

J'ai tenu à vous faire partager les motifs de ses convictions, vous les partagerez sans doute.

Société de secours mutuels.

Les principes qui doivent régir une bonne loi sur les Sociétés de secours mutuels ne sont plus contestés; au Conseil général la discussion a présenté peu de contradicteurs.

La base des institutions de secours mutuels, c'est la liberté, liberté dans les formes de l'association, dans le nombre, dans l'origine, l'âge, dans les règles de l'administration, l'emploi des fonds, la quotité des cotisations, l'intervention des patrons ou des associés charitables.

La loi ne peut rien ordonner; elle ne peut que régulariser et protéger. On est généralement d'accord sur ces vérités.

L'autorisation devra émaner des préfets.

Le but devra être restreint à des secours déterminés, secours de médecins et pharmaciens pour l'ouvrier et la portion de sa famille qui est à sa charge.

Secours en argent pendant le temps de chômage qui résulte de la maladie, frais funéraires, et surtout soins affectueux, conseils, visites et consolations.

Voilà le but qui a été défini au Conseil général comme le seul à atteindre, et quand on voudra le dépasser, on rencontrera des impossibilités absolues.

Voici en quels termes au reste ces dispositions ont été formulées:

« 1°. Les sociétés de secours mutuels pourront, sur leur de-
« mande, être déclarées établissemens d'utilité publique.

« 2°. Elles ne peuvent confondre avec les secours temporai-
« res les pensions viagères à assurer aux sociétaires.

« 3°. Les décrets qui autorisent la formation de ces sociétés,
« pourront limiter le nombre maximum ou minimum des
« membres sociétaires.

« 4°. Il sera ouvert, au ministère du commerce, un crédit
« affecté aux frais de premier établissement de nouvelles so-
« ciétés de secours mutuels, constitué dans des conditions pro-

« pres à offrir aux membres toutes garanties d'ordre, de sécu-
« rité et de bonne administration. »

Tout nous annonce que c'est sur ces principales dispositions que sera basée la loi qui va recevoir très-incessamment la sanction législative.

Le comité des manufactures à approuvé sans réserve deux modifications à apporter au code du commerce et proposées par le Tribunal de commerce de la Seine.

Révision du Code de commerce.

Je vous demanderai la permission de vous faire connaître ces modifications et de dire : que l'exemple donné par le Tribunal de commerce de la Seine, de signaler au gouvernement les imperfections de certaines dispositions du code de commerce devrait être suivi par les autres Tribunaux de commerce de France.

Ce serait le moyen d'améliorer, suivant moi, ce qui a tant de besoin d'améliorations.

Tous les magistrats consulaires s'accordent à dire que le code de commerce est incomplet, qu'il ne donne que les règles d'une petite partie des actes qui s'accomplissent chaque jour dans le commerce.

Ainsi, où y rencontrer les principes de la vente, du louage, du mandat, des obligations? Ce n'est pas dans le code de commerce, mais dans le code civil.

Où y trouver le mode de diriger la procédure, les moyens d'exécution? Au code de procédure civil. Pourquoi pas donc au code de procédure commerciale?

Dans une réunion de textes de lois appelée le code de commerce, qui devait résumer les droits et les devoirs du commerçant, qu'y trouve-t-on? Ce n'est pas une législation ni complète, ni nouvelle, c'est presque toujours le résumé insuffisant des lois antérieures.

Le code, on le dit généralement, ne définit pas assez. Il ne m'appartient pas, dans cette enceinte, Messieurs, d'insister autrement sur la nécessité de la réforme de certaines parties de nos lois consulaires, qu'en citant, comme digne d'être suivi, l'exemple que donne le Tribunal de commerce de la Seine. Je vous demande, mes chers Collègues, de vous dire quelles sont les modifications proposées et sur lesquelles le comité des manufactures a eu à donner son avis. Ces modifications sont: 1°. à la section II du livre Ier du code de commerce, qui régit les contestations entre associés; et 2°. l'examen des concordats par abandon.

Je commence par la première :

Arbitrage en matière de Sociétés ; Contestations entre associés.

L'arbitrage en matière de société remonte aux temps anciens. Vous savez comme moi, Messieurs, que le code de commerce n'a fait que reproduire les principales dispositions de l'ordonnance de 1673. Ce travail, dont Colbert confia la rédaction à Savary et qui fut peu d'années après converti en ordonnance, disait : « Toute Société contiendra la clause de se soumettre « aux arbitres pour les contestations qui surviendront entre les « sociétés, et encore, que la clause fut omise, un des associés « n'en pourra nommer, ce que les autres seront tenus de faire; « sinon en sera nommé par le juge pour ceux qui en feront « refus. »

L'arbitrage forcé exigé par les articles 51 et suivans du code de commerce, devait donc être un tribunal de famille choisi par les parties, et ce tribunal a toujours existé dans nos lois consulaires.

Devant des difficultés qui ont le plus souvent leurs sources dans la vie journalière des associés, le législateur a dû vouloir éviter la barre et la publicité des Tribunaux de commerce à des détails souvent compromettans.

Pour éviter de produire des débats publics qui peuvent, en certains cas, toucher soit au crédit, à la moralité ou à la considération de la société, la législation paternelle des lois commerciales a cherché à les cacher dans les huis-clos de l'arbitrage et a appelé à les terminer, soit des commerçans honorables, soit des comptables, soit ordinairement des amis très-bienveillans des partis; mais ce mode de juridiction a donné lieu à de bien graves abus, à de nombreuses plaintes. En effet, combien de fois n'arrive-t-il pas que des associés, en choisissant un arbitre, cherchent le plus souvent à se trouver un défenseur plutôt qu'à constituer un juge, et, que l'arbitre, de son côté, ne soit instinctivement porté à soutenir, avant tout, les prétentions de celui des deux qui lui a donné sa confiance? C'est, hélas, il faut bien le reconnaître, dans cette situation d'esprit que se trouve le plus ordinairement un tribunal arbitral, quand il se présente pour connaître des contestations qui doivent lui être soumises.

En cas de partage, ce qui arrive le plus ordinairement, les arbitres nomment un sur-arbitre, s'il n'est pas nommé par le compromis; et ce tiers arbitre doit complètement se ranger à l'une ou à l'autre de l'opinion exprimée, quand bien même cette opinion ne serait pas positivement la sienne. Cette manière ordinaire de procéder, qui laisse déjà tant à désirer, n'est encore que celle où il n'y a que deux parties en cause, et où ces parties sont, ainsi que les arbitres, en tous points honorables; mais qu'il survienne une affaire où il y a un plus grand nombre d'associés, où l'un deux, par exemple, veut retarder ou résister à la constitution du Tribunal, c'est alors que les inconvéniens grandissent et que cette juridiction ne devient plus réellement qu'un moyen dilatoire.

Le plaideur de mauvaise foi peut parvenir à retarder indéfiniment la solution de la sentence. Il arrivera à faire plaider la constitution du tribunal arbitral, la détermination du nombre des membres dont il devra être composé, le nombre des voix des arbitres, puis tous les mauvais moyens qui peuvent être soulevés dans un procès.

Quelquefois aussi, on avise au moyen de faire recourir en

fin de cause au Tribunal de commerce pour obtenir la prorogation des pouvoirs; puis, ne se rencontre-t-il pas des arbitres, disposés à se déporter, pour remettre à dessein, après plusieurs mois de procès, les parties dans l'état où elles étaient quand l'existence a commencé?

Ce que les législateurs recherchent et doivent rechercher, c'est de simplifier la procédure, c'est surtout de diminuer les frais qui accablent les plaideurs. — Ne pensez-vous pas, Messieurs, comme le comité des manufactures, que les inconvéniens que je viens d'avoir l'honneur de vous citer, et qui ne sont qu'une faible partie de ceux qui peuvent vous être présentés; ne pensez-vous pas qu'il soit à désirer que la demande de réforme proposée par le Tribunal de commerce de la Seine soit accueillie? On a encore ajouté: les associés, dans l'état actuel de la législation, ne sont placés que devant deux arbitres. C'est un tribunal qu'il faut leur donner, mais un tribunal composé d'un nombre de membres, impair, de trois.

Il faut obliger les parties à se mettre d'accord sur la désignation de trois juges qui formeront ce Tribunal. Si elles ne se mettent pas d'accord, ils devront être nommés par le Tribunal de commerce, et cela d'office.

Maintenant, en admettant que les plaideurs soient disposés à vouloir économiser la rénumération des experts, pourquoi leur en refuser le droit?

Pourquoi ne pas leur donner le droit de demander au Tribunal de commerce de vider sans frais et plus vite leurs contestations?

Ce sont ces motifs dont la plupart émanaient des considérations mises en avant par le Tribunal de la Seine, qui ont décidé le comité des manufactures à approuver sans réserve les modifications par lui présentées et à nommer des commissaires qui devaient demander qu'il soit soumis à la sanction législative un décret tendant à remplacer les articles du Code de commerce de 51 à 64, par les suivans :

« Article 51. Les contestations entre associés, et pour rai-
« son de la société, seront jugées par un tribunal arbitral com-
« posé de trois juges nommés d'accord entre les associés, et,
« à défaut d'accord sur le choix, nommés par le Tribunal de
« commerce du siége social.

« Si les associés sont unanimes pour renoncer à l'arbitrage,
« la contestation sera jugée par le Tribunal de commerce.

« Article 52. Le Tribunal de commerce seul connaîtra des
« contestations sociales, lorsqu'il s'agira de société par actions,
« ou dont les parts d'intérêts seront transmissibles par trans-
« fert, cession ou tradition du titre.

« Article 53. Dans toutes sociétés autres que celles énoncées
« en l'article 52, les parties ne pourront compromettre qu'a-
« près la naissance du litige, et en désignant l'objet, ainsi que
« ces trois arbitres-juges.

« Article 54. Il y aura lieu à l'appel du jugement arbitral
« ou au pourvoi en cassation.

« Toute renonciation à l'appel, ou au pourvoi en cassation,
« ne sera valable que si elle est convenue lors du compromis,
« ou par le jugement de renvoi.

« L'appel sera porté devant la cour du ressort.

« Article 55. La nomination des arbitres se fait :

« Par un acte sous signature privée ;

« Par un acte notarié ;

« Par un acte extrà-judiciaire ;

« Par un consentement donné en justice.

« Article 56. Le délai pour le jugement est fixé par les par-
« ties, lors de la nomination des arbitres, et, s'ils ne sont
« pas d'accord sur le délai, il sera réglé par les juges.

« Article 57. Les parties remettent leurs pièces et mémoires
« aux arbitres, sans aucune formalité de justice.

« Article 58. L'associé en retard de remettre les pièces et « mémoires, est sommé de le faire dans les dix jours.

« Article 59. Les arbitres peuvent, suivant l'exigence des « cas, proroger le délai pour la production des pièces.

« Article 60. S'il n'y a pas renouvellement de délai, ou si « le nouveau délai est expiré, les arbitres jugent sur les seu- « les pièces et mémoires remis.

« Article 61. Le jugement arbitral est motivé.

« Il est signé par les trois arbitres ou par la majorité, en « cas de refus de l'un d'eux.

« Il est déposé au greffe du Tribunal de commerce.

« Il est rendu exécutoire sans aucune modification, et trans- « crit sur les registres en vertu d'une ordonnance du prési- « dent du Tribunal, lequel est tenu de la rendre pure et sim- « ple, et dans le délai de trois jours du dépôt au greffe.

« L'ordonnance d'exéquatur n'est pas susceptible d'opposition.

« Article 62. Les dispositions ci-dessus sont communes aux « veuves, héritiers ou ayans-cause des associés.

« Article 63. Si des mineurs sont intéressés dans une con- « testation pour raison d'une société commerciale, le tuteur ne « pourra renoncer à la faculté d'appeler du jugement arbitral.

Article 64. Toutes les actions contre les associés non liqui- « dateurs et leurs veuves, héritiers ou ayans-cause, sont pres- « crites cinq ans après la fin ou la dissolution de la société, « si l'acte de société qui en énonce la durée, ou l'acte de dis- « solution a été enregistré et affiché, conformément aux articles « 42, 43, 44 et 46, et si, depuis cette formalité remplie, la « prescription n'a été interrompue à leur égard par aucune « poursuite judiciaire. »

L'autre modification à apporter au code de commerce, proposée par le Tribunal de commerce de la Seine, est celle-ci:

Concordats par abandon.

La loi du 28 mai 1838, en supprimant du Code de commerce la session de biens, n'a laissé aux faillites que deux sortes de solutions : l'état d'union et le concordat.

Avec l'article 519, l'effet définitif du concordat remet le failli à la tête de ses biens. Dans l'état d'union, conformément à l'article 529, au contraire, les syndics continuent, sous la surveillance du Tribunal, la liquidation de la faillite.

Ces règles laissent une lacune ; car il se présente parfois des circonstances où les créanciers accordent au failli un concordat moyennant l'abandon de son actif, à la liquidation duquel il est procédé par des délégués ou commissaire, c'est le concordat par abandon.

Cette troisième solution, non prévue par le code, amène de graves abus. La liquidation ne s'opérant pas sous la surveillance du Tribunal de commerce, puisque la surveillance ne lui est confiée que dans le cas d'union, et que dans l'espèce il y a concordat.

Ces abus, qu'il importe de faire cesser, sont d'autant plus regrettables, qu'ils retombent sur les créanciers que leur bienveillance pour le failli y a seule exposés.

Le moyen qui permettrait d'atteindre ce résultat, serait d'ajouter au code de commerce quelques dispositions qui donneraient aux Tribunaux consulaires la surveillance de toutes les opérations qui suivent les concordats par abandon.

Voici les dispositions qui ont été soumises au comité des manufactures :

Elles sont simples ; avec ces additions à ces divers articles du code, on parvient à régulariser les concordats par abandon et à apporter un contrôle efficace au compte des syndics.

Le Tribunal de commerce de la Seine propose la rédaction suivante :

« Article 519, § Ier, comme au code, avec l'addition de la « disposition suivante, qui terminera le paragraphe 1er :

« Le jugement qui prononcera sur l'homologation sera sou-« mis aux mêmes conditions de publicité que le jugement dé-« claratif de la faillite.

« § 2. S'il est fait abandon aux créanciers de tout ou partie « de l'actif, le concordat contiendra la nomination de com-« missaires chargés de procéder, sous la surveillance du juge-« commissaire, à la liquidation de l'actif ainsi abandonné.

« La délibération qui leur conférera ce mandat en déterminera « l'étendue et, autant que possible, la durée. La voix de l'op-« position sera ouverte aux créanciers dissidens.

« Les fonctions du juge-commissaire ne cesseront que lors-« que la liquidation sera déterminée et que le compte défini-« tif de gestion aura été rendu.

« Il sera pourvu au remplacement, et, s'il y a lieu, à la ré-« vocation des commissaires, de la manière prescrite par les « articles 429, 462, 466 et 467.

« Les commissaires pourront transiger sur toute espèce de « de droits faisant partie de l'actif abandonné, mais en se con-« formant au deuxième alinéa de l'article 487.

« L'article 489 sera applicable aux deniers provenant des « ventes et recouvremens.

« Les créanciers seront convoqués au moins une fois par « année, pour entendre le compte de la gestion des commis-« saires.

« Lorsque la liquidation sera terminée, les commissaires « rendront leur compte définitif dans une dernière assemblée « des créanciers, à laquelle le failli, s'il y est autorisé par le « juge-commissaire, pourra assister ou se faire représenter. « Ce compte sera débattu et arrêté contradictoirement en pré-« sence du juge-commissaire, qui dressera du tout procès-« verbal.

« L'article 504 du code de commerce sera complété par la « disposition finale suivante :

« Huit jours au moins avant celui fixé pour l'assemblée des « créanciers, le failli sera tenu de déposer le projet de con- « cordat au greffe du Tribunal de commerce, où les créanciers « pourront en prendre connaissance sans déplacement. Une « copie du rapport dont les syndics doivent donner lecture aux « créanciers réunis, sera annexée au projet de concordat.

« L'article 537 sera complété par la disposition suivante, « qui en formera le troisième alinéa :

« Huit jours au moins, avant celui fixé pour l'assemblée des « créanciers, les syndics déposeront leur compte de gestion « au greffe du Tribunal de commerce, où les intéressés pour- « ront en prendre connaissance sans déplacement.

« L'article 529 sera complété par la disposition suivante, « qui en terminera le quatrième alinéa :

« Le jugement sera publié, par extrait, dans la même forme « que le jugement déclaratif de faillite. »

Proposition de Mr Bravard-Veyrière.

Un savant professeur de droit commercial à la faculté de Paris, l'honorable M. Bravard-Veyrière, membre de l'assemblée législative, a usé de son droit d'initiative pour y faire une proposition tendant aussi à pourvoir à cette lacune dans la loi du 28 mai 1838.

Le comité des manufactures, sans se prononcer sur le texte même des modifications à apporter aux articles 519 et suivans du Code de commerce, mais en en approuvant les motifs, a donné un vote favorable à l'esprit et à l'intention de ces propositions. Le projet de l'honorable M. Bravard-Veyrière, qui a pour but de répondre aux besoins signalés par la justice consulaire, est relatif aux concordats par abandon, au dépôt au greffe de tout projet de concordat, ainsi que du compte à rendre par les syndics en cas d'union; et, enfin, à une plus complète publicité en matière de faillite.

Législation douanière en Algérie.

La législation douanière de l'Algérie devait être de la part du gouvernement l'objet d'une étude approfondie.

La prospérité d'une colonie naissante ne dépend que trop souvent de sa législation.

Aussi, le gouvernement avait-il voulu s'entourer de l'avis des hommes compétens, en s'empressant de placer sous les yeux du Conseil général de nombreux documens et les dispositions du projet de loi qui sera probablement présenté à l'Assemblée nationale.

Les relations commerciales que le rayon industriel de Saint-Quentin peut et doit avoir avec nos possessions d'Afrique, me font un devoir que vous apprécierez, Messieurs et chers Collègues, de faire connaître les actes particuliers de cette législation, qui concernent les principaux produits de ses fabriques.

La première ordonnance qui règle la législation douanière de l'Algérie est du 11 novembre 1835.

Avant cette époque, les mesures qui avaient été prises à l'égard de ces contrées avaient été, comme toutes les autres, essentiellement provisoires.

Cette ordonnance comprenait un grand nombre d'articles; mais elle s'appliquait surtout à tout ce qui touche la navigation, les mouvemens de l'importation, le cabotage et les entrepôts.

Elle posa toutefois d'utiles prescriptions.

Elle sauvegarda, dans les relations de la colonie avec la métropole, les intérêts du pavillon national, en établissant des droits modérés sur la plupart des marchandises, et en accordant même franchise complète à toutes celles dont il importait d'encourager l'introduction.

Une modification qui, toutefois, ne fut pas heureuse, et qui tendait à ouvrir au pavillon étranger l'intercourse avec la France et le cabotage entre les ports de l'Agérie, moyennant un tonnage de 2 fr., fut apportée à cette ordonnance par celle du 27 février 1837.

Une autre du 7 décembre 1841 remédia à cette fâcheuse situation.

La législation douanière, telle qu'elle avait été réglée par l'ordonnance du 11 novembre 1835, demeura donc en vigueur jusqu'à la fin de 1843.

A cette époque, intervinrent deux ordonnances en date du 16 décembre 1843.

Elles remanièrent la législation antérieure.

L'une, rendue sur le rapport du ministre de la guerre, révisa le tarif colonial; l'autre, rendue sur le rapport du ministre de l'agriculture et du commerce, modifia pour quelques provenances algériennes, le tarif de la métropole.

Les ordonnances des 17 et 23 janvier et 2 décembre 1845 ont ouvert de nouveaux ports algériens au commerce direct avec la France, pour l'importation et pour l'exportation des marchandises taxées en Algérie, soit à la valeur, soit à plus de 15 fr. les 100 kilogrammes, ou en France, à plus de 20 fr.

Ainsi, depuis 1843, la législation douanière de l'Algérie n'a pas subi de modifications profondes.

Le Conseil général a adopté, avec de légères et favorables modifications, le projet de loi pour la révision des tarifs de douane de l'Algérie.

Voici les principales dispositions :

« Les produits français, à l'exception des sucres, et les pro-« duits étrangers, nationalisés en France par le paiement des « droits de douanes, sont et demeurent admis en franchise en « Algérie.

« Seront admis en franchise, à leur entrée en France, les « produits de l'Algérie, mentionnés aux tableaux annexés au « projet de loi, importés directement, et dont l'origine sera « justifiée par des expéditions de douane.

« Les marchandises exportées de France en Algérie ou d'Al-« gérie en France, seront exemptes de tout droit de sortie. »

Des dispositions additionnelles établissent différentes catégories dont plusieurs regardent spécialement les tissus et les étoffes. C'est pour faire connaître ces renseignemens que j'ai cru devoir les faire précéder de l'analyse de quelques documens sur la législation douanière avec l'Algérie qui nous ont été remis au Conseil général.

L'analyse de ces documens vous indiquera la direction économique que le gouvernement veut donner à nos rapports avec cette colonie.

« Les tissus de coton mentionnés au tableau D, sur lesquels « je crois devoir appeler votre attention, importés de France « en Algérie, ne pourront être admis à l'entrée en Algérie, « qu'autant qu'ils seront revêtus du nom et de la marque du « fabricant, constatant que ces tissus sont conformes audit ta- « bleau.

« Il sera procédé à la reconnaissance des poids et dimensions de ces tissus à leur sortie de France.

« Si la vérification effectuée dans la proportion des cinq piè- « ces au moins choisies par les agens des douanes sur cent « pièces, fait reconnaître une différence de plus de 2 °/₀, soit « dans le poids, soit dans l'une des dimensions, il sera pro- « cédé à la vérification de toutes les pièces déclarées.

« Les tissus qui rempliront les conditions énoncées audit « tableau, soit à la sortie de France, soit à l'entrée en Algé- « rie, seront revêtus, à la sortie de France, d'une estam- « pille aux frais de l'expéditeur et qui sera apposée sur cha- « que pièce. Le prix de l'estampille est fixé à 5 centimes par « marque.

« Les tissus qui ne seront pas revêtus de la marque ou qui « présenteront sur les dimensions ou sur le poids une diffé- « rence de plus de 2 °/₀ ne pourront être exportés en Algérie.

« Les déclarans seront passibles en outre d'une amende égale « au quadruple de la prime de sortie qui eût été due, si l'ex-

« portation eût été effectuée. Les tissus qui ne seront pas re-
« vêtus de l'estampille de la douane, seront passibles de la
« même peine à leur importation en Algérie.

Voici le tableau D qui est spécial aux tissus :

Numéros.	Désignation des Tissus.	Longueur.	Largeur.	Poids.
		m. c.	centimètres.	kil. kil.
1	Calicot écru à 3 raies bleues.	21 60	75 à 80	2 à 2 25
2	le même.	32 40	90 à 95	3k75 à 4
3	Calicot écru, marque poisson.	21 60	75 à 80	2 90 à 3 25
4	id. 5 raies rouges.	21 60	80 à 85	3 à 3 50
5	id. 3 et 4 raies rouges et bleues.	32 40	90	5 à 5 50
6	blanc dit Hamburgo.	21 60	75 à 80	2 à 3 25
7	id.	36 »»	90 à 95	4 à 5
8	Mousseline dite Taujeb.	21 60	75 à 85	90 à 1

Ce tableau indique le poids et les dimensions obligés des tissus de coton, destinés à la consommation arabe et emportés de France en Algérie.

Les dispositions de ce projet de loi sont faciles à comprendre. — Le titre 1er règle les rapports commerciaux entre la France et l'Algérie. — Les produits français ou nationalisés, les produits naturels de l'Algérie sont ensuite réciproquement admis en France, avec exception de droits. Un certain nombre d'articles nécessaires au développement de la colonisation sont admis par exception en franchise.

D'autres sont soumis à un tarif réduit.

Arrive ensuite le tableau D qui s'occupe des tissus, sur lequel je vais appeler un instant plus particulièrement votre attention.

Vous vous rappelez, Messieurs et chers Collègues, qu'il y a quelques années, vous écriviez, au sujet de l'ordonnance du 16 décembre 1843, qui tendait à favoriser les industries métropolitaines, en leur accordant une plus grande part dans l'approvisionnement de nos possessions d'Afrique; vous écriviez au préfet de l'Aisne, dans un rapport qui devait être soumis au Conseil général du département, puis envoyé ensuite au ministre du commerce;

Dans ce rapport, vous disiez : « Le commerce a applaudi « au commencement de protection accordée en Algérie à l'in-« dustrie française; mais tout en remerciant le gouvernement « de lui avoir rendu, en partie, cette justice, il demande si, « adoptant à ce grand département Français les lois de la mé-« tropole, ce marché ne pouvait pas lui être complètement dé-« volu ? »

Une demande aussi juste que celle de faire prohiber, dans l'intérêt du travail national, les tissus de laine et de coton étrangers à leur entrée en Algérie, ne pouvait être plus opportunément adressée au gouvernement, que lors de la discussion de la révision de la législation douanière de ce pays. Cette demande lui a été, en effet, adressée.

Le gouvernement a persisté à soutenir qu'en maintenant les droits sur les tissus étrangers, tels qu'ils ont été fixés par l'ordonnance du 16 décembre 1843, ce tarif assurait aux producteurs français le marché presque exclusif de la colonie. Que, s'il a cru devoir continuer de permettre l'entrée des provenances similaires de l'étranger avec une différence de 30 %; en agissant ainsi, il s'est avant tout préoccupé des fraudes nombreuses qui se commettent dans la vente des tissus, fraudes qui, en déconsidérant notre commerce aux yeux des consommateurs indigènes, avaient pour résultat de développer la contrebande des tissus étrangers.

Enfin, car cette question importante m'a forcé d'entrer dans de trop longs détails; enfin, mes chers Collègues, les dispositions additionnelles que prescrivent certaines conditions de longueur, de largeur, de poids au tissus de coton, sont un avertissement que le gouvernement adresse aux fabricans ; avertissement qui, selon lui, ne peut que leur être favorable, puisque ces conditions qu'on leur impose, s'accordent avec les mœurs et les habitudes des consommateurs arabes.

Compagnies d'exportation.

Une pensée d'utilité publique, celle de la création de grandes compagnies d'exportation a un instant assez occupé les esprits pour que le gouvernement ait cru devoir consulter le Conseil général sur les moyens les plus propres à donner à notre commerce d'exportation un plus grand développement. Durant l'année 1848, on se le rappelle, des plans nombreux pour l'établissement de comptoirs à l'étranger, ou de grandes compagnies d'exportation se produisirent. Plusieurs villes manufacturières ne voyaient même de moyen de salut pour l'industrie, que dans la création de ces compagnies qui devaient faciliter, au-dehors, l'écoulement de nos produits manufacturiers.

A cette époque, vous vous le rappelez encore, Messieurs, on parlait d'organiser le commerce, comme certains prétendaient alors organiser le travail. On voulait attribuer à l'Etat une direction universelle et absorbante qui ne pouvait, en aucune manière, lui être dévolue.

Cette question des compagnies d'exportation, discutée assez brièvement dans les comités du Conseil général, n'a pas été suivie de l'étude d'un rapport. C'est à regretter, elle eût naturellement trouvé sa place dans ce rendu-compte, à la suite de la révision de notre législation douanière en Algérie. A défaut de ces renseignemens, je chercherai, si vous voulez bien me le permettre, à vous indiquer sommairement les considérations générales qui ont été mises en avant pour apprécier ce projet. Elles auront probablement votre approbation.

Tout le monde reconnaît que notre commerce extérieur est en voie de prospérité. En 1829, il s'élevait déjà à 1400 millions de francs ; en 1846 et 1847, à deux milliards et demi. Cette année, il y a, dit-on, augmentation. Toutefois, par comparaison avec l'Angleterre, les exportations en France sont loin d'avoir atteint le degré de prospérité qui correspond à la richesse de la production intérieure. On a proposé, comme je viens d'avoir l'honneur de vous le dire, d'augmenter nos débouchés à l'extérieur, en créant ou garantissant la création de grandes compagnies d'exportation.

Cette opinion a eu peu d'approbateurs; cependant elle a été discutée. Les membres du Conseil général, dans les divers comités, ont paru être d'avis que l'État ne devait être ni vendeur, ni acheteur. Que l'État ne devait pas non plus être prêteur, parce que l'argent de l'État était l'argent de tout le monde et qu'il ne pouvait avoir d'autre destination que celle d'un intérêt public. On a reconnu que ce que pouvait faire l'État, c'était seulement de protéger de toute son influence le commerce national en pays étranger. On a reconnu encore qu'un excellent moyen serait, ce que tant de fois vous avez demandé au gouvernement, d'avoir des agens commerciaux près des consulats qui recueilleraient spécialement les renseignemens propres à guider les échanges et la production.

On a de plus ajouté : que des compagnies s'établissent avec les capitaux de ceux qui les formeront, qu'elles créent entre la France et l'étranger des relations plus étendues; rien de mieux. L'Etat les protégera et doit les protéger. L'Etat pourra faire plus, il pourra les encourager par telles ou telles mesures exceptionnelles qui lui seront indiquées par les circonstances; mais là doit se borner son action, et, si elles s'établissent, ces créations, suivant l'opinion de la plupart des membres du Conseil général, doivent rentrer exclusivement dans le domaine de l'industrie et de l'intérêt privé.

Question des lins. Monsieur le Ministre de l'agriculture et du commerce a chargé un membre de l'Assemblée législative, d'étudier en Belgique et en Hollande, dans ces contrées où elles sont florissantes, les conditions de la culture et de l'industrie du lin. Ces expériences sont encore en cours d'exécution; le Conseil général, en demandant une réduction de un franc par kilogramme sur les droits des graines de lin de semences provenant de la Belgique, a demandé en outre au gouvernement de publier tous les documens de l'enquête commencée et tous ceux qui lui parviendront sur le rouissage et la préparation du lin à l'étranger.

Question des soies, Exportations.

Je n'entrerai pas non plus dans de grands développemens sur la question du tarif des soies. Cette question cependant fut vivement débattue au Conseil général.

La commission nommée avait ainsi formulé ses conclusions :

« Que, dans les circonstances où se trouve l'industrie, d'une « part, de la situation de la sériciculture française, et de l'au« tre, de la concurrence étrangère, qui menace notre fabri« cation et par conséquent l'existence d'un grand nombre « d'ouvriers, il n'y avait pas lieu de modifier le tarif de sor« tie des soies. »

La sortie des soies a été long-temps atteinte par une prohibition absolue. Elle fut permise en 1833, mais seulement avec un droit de 3 fr. le kilogramme à l'exportation, pour les soies grèges, 2 fr. pour les soies moulinées, et 6 fr. pour les soies teintes servant à la fabrication des étoffes.

La question était de savoir si l'on devait maintenir ou supprimer ce tarif de sortie ?

Le comité d'agriculture demandait à ce que le producteur fût autorisé à placer ses soies, comme les autres produits, à l'étranger. Les fabriques de soies sollicitaient le maintien de la prohibition. La majorité des membres du comité des manufactures était de cet avis. Mais l'agriculture qui, cette fois, se ralliait momentanément, je l'espère du moins, aux sympathies des libres échangistes, a été appuyée par le plus grand nombre des membres du comité du commerce et la majorité du conseil ainsi formée a demandé et obtenu la « suppression « des droits de sortie sur les soies grèges et moulinées, et le « maintien du droit de sortie sur les soies teintes. »

Industrie des Soies. Encouragement.

En ce qui concerne la question de l'industrie des soies, les conclusions de la commission ont été, sans discussions, adoptées.

Voici ses principales dispositions: elles demandent au gouvernement « d'encourager la production de la bonne graine de « vers à soie, et la faire distribuer à prix réduits par les « comices agricoles, en donnant toujours la préférence aux « éducateurs les moins aisés. Pour obtenir cette bonne graine; « inutile de créer des établissemens spéciaux. Des fermes- « écoles destinées à former des élèves spéciaux pour la taille « des mûriers, lui paraissent encore plus utiles. »

Enfin la commission, dans ses conclusions qui ont été adoptées par le Conseil général, déclare que « le plus grand service que le « gouvernement puisse rendre à l'agriculture séricicole, c'est « de faire étudier par des hommes de science et sur le lieu « même de la production, l'épidémie connue sous le nom de « muscardine dont les ravages vont croissant, et sont aussi effrayans que rapides. »

Crédit Foncier.

Vous n'attendrez pas de moi, sans doute, je l'espère, Messieurs, que dans ce rapport, déjà beaucoup trop long, j'ose entreprendre de discuter sérieusement devant vous les différens systèmes proposés pour créer en France l'institution du crédit foncier. Il est peu de questions qui aient plus vivement occupé l'opinion publique et soulevé dans la presse de plus nombreuses controverses. Il en est peu aussi qui rencontrent plus de difficultés d'exécution. Aussi, vous demanderai-je à conserver mon rôle passif de rapporteur, et, vous dirais-je, qu'arrivée au dernier jour et à la dernière séance de la session, elle n'a pu être complètement discutée. Le Conseil général a seulement voté en principe : « qu'il y avait nécessité urgente d'ins-

« titution du crédit foncier. » Ce vote a été ainsi motivé : « Vu « l'imposibilité de donner un développement indispensable à « la question importante du crédit forcier ; vu le rapport in- « time entre cette question et celle de la réforme hypothécaire « qui va être prochainement discutée à la chambre des repré- « sentans, le Conseil s'en tient au vote qu'il vient d'émettre « et ajourne toute discussion sur les autres propositions de la « commission. »

Voici quelles étaient les propositions de la commission dont M. Wolowski était le rapporteur :

Propositions de la Commision.

En ce qui touche la nécessité ou l'utilité des associations du crédit foncier,

« La majorité de votre commission s'est prononcée pour la « nécessité urgente d'institutions de crédit foncier, formées par « le concours des propriétaires, et appuyées sur un fonds de « garantie. »

En ce qui touche la garantie de l'Etat et son étendue,

« La majorité de votre commission a cru que la participa- « tion de l'Etat et du département à la constitution de ce fonds « de garantie, pivot de l'institution, était préférable à une ga- « rantie partielle d'intérêt et de capital. »

En ce qui touche l'association des propriétaires emprunteurs préférablement à des compagnies d'actionnaires,

« La majorité s'est prononcée contre une association de prê- « teurs ; elle a admis la formation, au moyen de souscriptions « privées et du concours de l'Etat et des départemens, d'un « fonds de garantie destiné à remplacer la solidarité des pro- « priétaires engagés vis-à-vis de l'institution du crédit foncier. »

En ce qui touche le remboursement des emprunts par annuités,

« La commission a été unanime pour recommander ce mode « de libération, comme étant seul en harmonie avec les be- « soins de la propriété foncière. »

En ce qui touche l'émission d'obligation avec intérêts et primes, remboursables par voie de tirage,

« Cette émission est la conséquence du principe des annui-
« tés; elle fournit un mécanisme financier qui a rencontré l'ap-
« probation unanime de la commission. »

En ce qui touche l'examen des moyens à l'aide desquels les capitalistes pourraient intervenir comme auxiliaires des propriétaires emprunteurs,

« La commission pense que le mode indiqué par elle, quant
« à la formation du fonds de garantie, répond suffisamment à
« cette question.

« Elle croit que les institutions de crédit foncier devront ob-
« tenir le droit de purger les hypothèques légales sur le contrat
« de prêt et d'exercer, pour le recouvrement des annuités, les
« poursuites avec toutes les garanties ouvertes au trésor pour
« assurer le recouvrement de l'impôt. Si l'expropriation deve-
« nait nécessaire, la majorité de la commission est d'avis qu'elle
« pourrait avoir lieu, d'une manière sommaire, par voie
« parée. »

Dans les comités du Conseil général, plusieurs orateurs distingués avaient soutenu cette thèse : que le crédit foncier ne peut recevoir d'extension complète qu'à l'aide d'un bon régime hypothécaire; qu'avant d'essayer de créer d'une manière efficace des institutions qui agissent sur le crédit foncier, comme les banques sur le crédit industriel et commercial, il fallait qu'une législation ferme et prudente tranquillisât le prêteur et secondât l'emprunteur. Cette opinion rencontrait beaucoup d'approbation. On ajoutait aussi que si, comme on paraissait le croire, le projet de loi qui sera présenté sur le crédit foncier à l'Assemblée, devait décréter que des banques foncières seront créées sous la surveillance de l'Etat et sous sa garantie; que si l'Etat et le département devront garantir chacun, jusqu'à concurrence d'un tiers, le paiement en capital et intérêts des obligations qu'elles émettront. On pensait toutefois généralement que cette question de la garantie de l'Etat, serait celle qui pourrait soulever les plus graves discussions.

Réforme des lois de navigation.

Une autre question qui semblait aussi devoir donner lieu à de graves et irritans débats, n'a pas eu la publicité des séances du Conseil général.

Il s'agissait de la réforme des lois de navigation en Angleterre et des conséquences que cette réforme pouvait avoir sur les intérêts maritimes du commerce Français.

Sous cette forme modeste et simplement consultative, d'une demande d'appréciation des conséquences d'un bill anglais, par rapport aux intérêts maritimes de la France ; le comité des manufactures, je dois vous l'avouer, Messieurs, avait cru y voir peut-être autre chose que l'examen d'une question de législation. Il avait craint de voir dans cette disposition à saisir le Conseil général de cette grosse et dangereuse question de savoir, s'il n'y aurait pas lieu à réformer certaines parties de la législation sur la navigation ; il avait craint d'apercevoir une tentative déguisée, un essai peut-être, pour arriver petit à petit à la réforme générale de notre système douanier. Je désire, n'en doutez pas, que ces appréhensions soient exagérées, je le crois même, car rien dans les loyales dispositions de M. le ministre du commerce, n'a pu permettre de douter de ses bonnes intentions à protéger le travail national; mais je dois cependant vous dire, parce que je vous dois la vérité, que bien des manufacturiers ont pensé que le prix de revient du frêt que le gouvernement paraissait tant désirer voir abaisser, pourrait amener à cette conséquence que l'armateur lui répondrait quand il lui demanderait cette réduction : que le prix du frêt est subordonné à l'abaissement du droit d'entrée en France de toutes les matières encombrantes qui nous arrivent de l'étranger, notamment des fers, des houilles, des filamens, des viandes salées, et ensuite aux prix des marchandises qui constituent enfin le navire et les accessoires de sa cargaison. Que tout naturellement si le gouvernement veut demander à la marine marchande française de mettre ses prix en rapport avec ceux des armateurs anglais, celle-ci ne pourra que répondre encore avec raison : « Faites-nous livrer les fers, les bois, les houilles, « les filamens aux mêmes prix que paient nos rivaux, et, après « nous avoir donné ces avantages, vous pourrez ensuite récla- « mer de nous une réduction dans nos prix de navigation. »

Voici quelle fut l'impression première des esprits au comité des manufactures. La plupart des membres qui le composaient, se sont demandé s'il était opportun, je ne dirai pas de s'occuper, mais seulement d'introduire incidemment les questions, qui, pour être soulevées, demandent avant tout une situation politique et matérielle, paisible et prospère? Ils se sont demandé si, après les événemens qui viennent de se passer en France depuis deux années, il était même à propos de laisser apparaître des projets de réforme qui auraient pour conséquence d'introduire dans l'ensemble de nos tarifs des modifications qui ne pouraient que diminuer les ressources du Trésor public et augmenter son déficit.

Je ne chercherai pas à combattre par d'autres considérations un projet qui ne renferme peut-être pas les arrière-pensées dont on le suspectait et sur lequel il y a eu d'ailleurs, je dirai presque, un désistement.

Je me contenterai de vous initier à ce qu'il advint à ce sujet, et pour cela je me permettrai de me servir du rapport de l'honorable M. Peltreau-Villeneuve.

Monsieur le ministre du commerce avait saisi, comme j'ai eu l'honneur de vous le dire, le Conseil général de la réforme des lois de la navigation. Une commission émanant des trois comités en avait commencé l'examen, lorsque M. le ministre, appelé dans son sein, déclara qu'il trouvait des inconvéniens à ce que la discussion de cette question fût publique, à cause des négociations entamées avec la Grande-Bretagne.

Monsieur le ministre désirait une discussion à huis-clos qui n'a pas été acceptée par les comités.

Cependant un rapport très-remarquable que je regrette de ne pouvoir vous citer dans ce compte-rendu, fut présenté par l'honorable M. Peltreau-Villeneuve; et, après cette lecture, il proposa au comité des manufactures la résolution suivante qui y fut adoptée et remise par son bureau à M. le ministre du commerce.

Cette résolution est ainsi conçue :

« Le comité des manufactures émet le vœu qu'une enquête « soit ouverte au ministère du commerce à l'effet de constater: « 1°. les avantages et les dangers que présente, au point de « vue de tous les intérêts français, le bill du 26 juin 1849; « 2°. les avantages et les dangers que présente, au point de « vue agricole, manufacturier et commercial, l'introduction « en franchise des matières premières et aussi des produits ou-« vrés, propres au gréement et à l'armement de nos bâtimens « de mer.

« Il émet en outre le vœu qu'une solution ne soit donnée aux « négociations entamées avec la Grande-Bretagne jusqu'à ce « que l'enquête ait été terminée et que les chambres de com-« merce et des manufactures aient été consultées. »

Je crois être arrivé, mes chers Collègues, à la fin des questions qui touchaient le plus particulièrement aux intérêts du commerce et de l'industrie. Cependant avant que de vous faire connaître celles qui regardent l'agriculture et de vous présenter le relevé des principaux vœux approuvés par le Conseil général, je vous demanderai encore à vous entretenir, aussi brièvement que possible, de certaines propositions qui, bien que toutes n'aient pas été discutées, n'en forment pas moins, quant à présent, l'ensemble des mesures proposées par le gouvernement pour améliorer le sort de la classe ouvrière.

Je veux parler de la révision de la législation relative au privilége du maître pour les avances faites aux ouvriers, de l'amélioration des logemens insalubres et de l'établissement dans les principales villes de France de bains et lavoirs publics.

Législation du privilége du maître sur les avances faites aux ouvriers.

En proposant l'abrogation des articles 7, 8 et 9 de l'arrêté du 9 frimaire an XII, le gouvernement a eu surtout pour but de prouver qu'il entendait rechercher les améliorations qui pourraient être apportées à la législation des salaires des classes laborieuses.

Aux termes de ces articles, l'ouvrier qui a reçu de son maître des avances sur les salaires à venir ne peut exiger ni la remise de son livret, ni la délivrance de son congé, qu'après avoir acquitté sa dette. Si, par une cause quelconque, il veut ou doit quitter l'usine où il travaille, le patron a le droit de mentionner la dette sur le livret. Ce privilége avait été surtout établi en vue de faciliter aux ouvriers le moyen de se procurer d'utiles ressources dans les cas de nécessité. L'expérience n'a que trop souvent démontrés que cette réserve stipulée au profit du maître, entraînait à des conséquences contraires aux bonnes intentions qui l'avaient inspirée et très-souvent aussi l'on a vu des ouvriers prodigues et peu soucieux de l'avenir et du sort de leurs familles, abuser des prêts qu'ils obtenaient dans la pensée de rechercher quelques remèdes à cette situation. Certains n'en avaient pas trouvé de plus curatifs que de proposer d'abord de replacer purement et simplement le prêteur et l'emprunteur sous l'empire du droit commun, en supprimant le privilége établi au profit du créancier. Puis, il a été proposé de limiter le privilége du maître, soit à 30 fr., soit à 40 fr.

Si cette opinion, qui paraît devoir être admise, était en effet celle du gouvernement, il ne resterait plus, pour présenter le projet de loi, que de fixer le quantùm de la retenue à opérer sur les salaires de l'ouvrier. Maintiendra-t-on les 2/10es ? la réduira-t-on de 1/10e ? Là est la décision à prendre.

L'examen de cette question, dont je ne connais pas le rapport au Conseil général, est une de celles sur laquelle ses délibérations n'ont pu être appelées. Toutefois, les discussions qui ont eu lieu dans les comités et au sein de la commission, ont pu faire assez connaître à M. le ministre du commerce, les systèmes qui paraissaient avoir plus particulièrement l'assentiment du Conseil général pour espérer qu'une bonne loi surgira de la discussion.

Proposition de MM. Lanjuinais et Seydoux

MM. Lanjuinais et Seydoux avaient déjà fait à l'Assemblée législative une proposition tendant aussi à l'abrogation des articles 7, 8 et 9 de l'arrêté du 9 frimaire an XII, et à faire décider qu'à l'avenir le droit du patron se réduirait à la faculté de retenir le livret de l'ouvrier qui n'aurait pas fourni le travail qu'il se serait engagé de faire, ou qui n'aurait pas rempli tous les engagemens du contrat de louage.

Cette proposition renferme peut-être une décision par trop absolue. Il peut paraître rigoureux de proposer à l'ouvrier la retenue de son livret; et le gouvernement, en consultant le Conseil général, a eu certainement en vue le désir d'amender cette disposition et de connaître l'opinion de beaucoup de manufacturiers sur les termes les plus convenables à donner à une disposition législative qui doit décider cette question. On tient à faire respecter le grand principe posé par l'article 1780 du code civil, ainsi conçu:

« On ne peut engager ses services qu'à temps ou pour une « entreprise déterminée. »

Ce que l'on veut, je le répète, c'est de porter la moindre atteinte possible à la liberté des conventions et aux facilités que j'appellerai utiles, qui, dans l'état actuel des choses, s'y rattachent.

Ce que l'on veut, c'est de procurer à l'ouvrier un crédit qui lui est si souvent nécessaire;

Assurer le remboursement de la créance, sans moyens de

rigueur, sans peser par trop rudement sur le débiteur, tel est le but qu'on doit désirer atteindre.

Un projet de loi conçu dans cet esprit, ne peut être qu'une amélioration dans la législation des salaires.

Amélioration de la Classe ouvrière.

La sollicitude des hommes bienfaisans a, depuis plusieurs années surtout, été vivement excitée par le désir de soulager les misères de ceux qui souffrent et de s'associer aux besoins des classes laborieuses. Que l'on jette de bonne foi un regard dans l'histoire de notre pays, on ne trouvera pas une époque, une seule, où l'on se soit plus vivement préoccupé du bien-être de ceux qui possèdent le moins. Que l'on voie autour de soit, chaque jour amène son progrès, petit ou grand; et, déjà combien ne peut-on pas citer de conquêtes obtenues sur le découragement et le chagrin des familles! Ce n'est pas à dire que j'entende soutenir qu'il n'y ait pas encore des larmes à essuyer et des améliorations à apporter à l'assistance publique. Non, Messieurs, telle n'est pas ma pensée ni la vôtre, j'en suis certain; les bonnes intentions doivent toujours marcher. Mais il est juste de rappeler à ceux qui parlent du nombre des malheureux, que si l'on en connaît leur chiffre, si les statistiques indiquent le nombre des familles indigentes, c'est qu'aujourd'hui on les compte et que l'on cherche à s'occuper de leur sort.

Autrefois, que de malheureux qui mouraient de faim ou de privations sans que personne ne pensât à eux, ni ne s'occupât à constater leur disparition !!!

Aujourd'hui la société, représentée soit par la commune, soit par l'État, soit par des institutions de charité, veille avec une équitable sollicitude sur le sort de tous les enfans du pays.

En naissant, la loi exige que leurs noms soient inscrits sur les registres de l'état civil, pour constater régulièrement leur venue dans la société.

Dès qu'ils y sont arrivés, l'institution des crèches prépare et assure à leur première enfance des soins maternels.

Avancent-ils dans la vie? les salles d'asile les entourent aussitôt des mêmes prévenances et commencent, petit à petit, à les initier aux bienfaits de l'éducation.

Le complément indispensable de cette éducation, ils le recevront aux écoles primaires, aux écoles supérieures.

Puis après aux écoles d'adultes, aux écoles préparatoires, et enfin dans toutes les institutions d'enseignemens fondés pour parachever l'instruction pratique et professionnelle de ceux qui veulent apprendre et savoir.

L'homme tombe-t-il malade? dans presque toutes les villes de France, des hospices le reçoivent et lui prodiguent, pour le rendre à la santé, les meilleurs soins. Son travail ne suffit-il pas pour qu'il puisse nourrir sa famille? les établissemens de charité lui viennent en aide par des secours en pain, en chauffage et souvent en vêtement.

Ainsi, la société s'occupe sans cesse d'améliorer les avantages que chacun de ses membres peut y recevoir; ainsi, depuis sa naissance jusqu'à sa mort, l'homme rencontre dans la commune, dans l'État, dans les institutions d'assistance, des bienfaiteurs qui s'occupent de son sort.

Cependant il se trouve encore des détracteurs de notre époque qui disent qu'on ne fait rien pour les malheureux! que notre siècle égoïste ne cherche pas à améliorer la condition du travailleur! Nous ne pouvons trop le répéter pour l'honneur de notre pays, grâce à Dieu! un pareil reproche est une déplorable injustice; et, ceux-là qui ne veulent pas voir que notre époque est une époque de charité, de bonnes œuvres, une époque où l'on s'occupe avant tout d'institutoins utiles et prévoyantes pour la classe nécessiteuse; ceux-là, Messieurs, se refusent volontairement à reconnaître la lumière, quand la lumière se fait.

Pardonnez-moi, je vous prie, cette digression échappée d'une conviction profonde, et je continue :

Le gouvernement a compris que la vie active de l'ouvrier était aussi exposée à des chances, à des maladies, que sa vieillesse avait besoin d'être protégée, que ses habitations avaient besoin d'être surveillées et qu'il y avait dans l'hygiène des recommandations de propreté à encourager. Je vais vous dire ce que l'on compte faire. Vous savez ce que l'on a fait.

Les caisses d'épargne assuraient bien déjà à tous les citoyens un moyen éprouvé de mettre en réserve les économies des jours prospères; mais on a voulu faire plus encore: on vient, par la création des caisses de retraite, en faveur de la vieillesse, fondées par l'État plus particulièrement au profit des classes laborieuses, d'encourager l'ouvrier à s'assurer par une rente et modique épargne une pension alimentaire et suffisante pour le déclin de sa vie. On vient encore, par l'établissement des caisses de secours mutuels, de préparer à l'ouvrier des moyens d'épargnes, en lui facilitant ceux de satisfaire aux besoins imprévus que la maladie, les infirmités, les blessures font naître si souvent pour lui dans le cours de sa vie active.

C'est encore en vue d'apporter quelques pierres nouvelles à l'édifice complet que l'État cherche à élever, à l'amélioration du sort de la classe ouvrière, qu'il s'enquiert de tout ce qui pourra assurer la salubrité de leurs logemens et amener la construction de bains et lavoirs publics dans les grandes villes industrielles de notre pays.

Logemens insalubres.

Il est bien difficile d'améliorer de suite les habitations des ouvriers. Les petits loyers n'ont pas le droit d'être exigeans. Aussi, que pouvait faire la bonne volonté du gouvernement? C'est, avec le temps, de chercher à remédier à l'insalubrité des logemens déjà construits, c'est d'aviser à les faire rendre plus propres et plus aérés. C'est encore, comme moyen extrême, de faire fermer ceux qui seront déclarés nuisibles à la santé de ceux qui les habitent.

La visite des demeures soupçonnées d'insalubrité doit être exercée par une commission nommée par le conseil municipal des communes qui déclareront qu'il y a lieu d'appliquer chez elles la loi nouvellement promulguée. Cette visite qui entraîne l'action d'un droit sévère, cette surveillance active sera-t-elle long-temps et avec persistance exercée par les citoyens ainsi nommés? On doit l'espérer; mais la crainte qu'il n'en soit pas ainsi, avait ses partisans. On avait proposé de faire exercer cette surveillance par les agens salariés adjoints aux commissions chargées de faire exécuter les lois sur le travail. Ces agens salariés auxquels deux médecins et un ou deux architectes eussent été adjoints, avaient été proposés pour former cette commission. L'avenir jugera le choix préféré.

Lavoirs et Bains publics à prix réduits.

L'encouragement que le gouvernement veut encore donner pour stimuler dans les grandes villes la création d'établissemens modèles pour bains et lavoirs à prix réduits, est un projet dont la pensée se lie entièrement au système général de l'assistance publique.

Depuis 1842, l'Angleterre possède des établissemens de bains et lavoirs publics. Il paraît qu'il y en a de deux sortes: les uns construits au moyen de souscriptions volontaires, les autres par les paroisses qui y ont été autorisées par un bill.

Les bains sont divisés en deux classes: 1re classe, bain froid, 20 cent., bain chaud 40 c. — 2e. classe, bain froid 10 c., bain chaud, 20 c. L'usage des lavoirs coûte, avec les ustensiles de repassage et de séchage, 10 c. par heure.

Suivant le rapport de M. Darcy, on compte à Paris 125 établissemens dans lesquels on délivre annuellement 1,818,500 bains et sur la Seine quatre grands bateaux fournissant 297,820 bains, soit au total 2,116,320 ou environ 2 bains 1/4 par habitant, en évaluant à 950,000 âmes la population agglomérée de Paris.

Le prix de revient d'un bain chaud est en moyenne de 47 cent. 1/2 dans les établissemens de l'industrie privée. On assure que dans les hospices, où il n'y a pas d'autres dépenses que celles du chauffage et de l'entretien du matériel, ce prix peut descendre de 17 à 20 cent.

Rouen possède déjà un établissement de bains et un lavoir public.

Voici les renseignemens qui m'ont été transmis à ce sujet :

« L'établissement qui existe à Rouen a été fondé en 1849,
« par M. de S[t].-Léger, ingénieur en chef des mines. Une sous-
« cription d'environ 6,000 fr. a suffi aux premiers frais d'ins-
« tallation, mais avec la concession gratuite de l'eau chaude
« qui est fournie par deux machines à vapeur, voisines de l'é-
« tablissement. On y distribue des bains de 1re classe au prix
« de 25 cent. et de 2e. classe au prix de 10 cent. On calcule
« que le lavoir se divise en deux bassins, dont l'un est gra-
« tuit et dont l'autre prélève une rétribution de 5 cent. par
« place et par heure, on calcule que pendant neuf mois ce la-
« voir a profité à 21,500 femmes. »

C'est en recherchant tous les renseignemens nécessaires et avec l'encouragement du gouvernement qui adhéra, dit-on, à cette proposition d'entrer pour un tiers dans les dépenses que les grandes villes manufacturières pourront parvenir à créer, sans porter préjudice aux établissemens qu'exploite l'industrie privée, des bains et des lavoirs à prix réduits pour la classe ouvrière.

Permettez-moi d'ajouter, Messieurs, en finissant l'énumération de cette série de propositions présentées pour régler et améliorer le sort de l'ouvrier, qu'il est impossible de ne pas reconnaître, comme j'ai eu l'honneur de le dire, que la vive sollicitude du gouvernement et de la société qu'il représente, tend toujours, et avant tout, à s'occuper de son bien-être. Ainsi, après avoir pris soin de fixer la durée du travail et du repos qui sont nécessaires à sa santé, on prescrit encore l'âge où il peut commencer à être admis dans les usines, et le nombre des heures qu'il doit y donner. On cherche à lui faciliter l'entrée dans la vie, comme ouvrier des manufactures ou de l'agriculture.

Dans ce but, on vient encore de chercher à introduire la pratique du travail agricole dans les écoles primaires des campagnes. Toutes les pensées sont tournées vers les rénovations agricoles et humanitaires.

Que l'on se reporte aux textes des lois qui viennent d'être votées sur les caisses de retraites et de secours mutuels, on acquérera cette conviction que l'esprit de cette législation est, par toutes les voies possibles, de donner à l'ouvrier le moyen d'amasser, que le but du gouvernement a été de chercher à réveiller dans son cœur l'esprit de prévoyance, d'y déraciner les dangereuses illusions qui y avaient pris place ; et de lui rappeler sans cesse que c'est par le travail, la moralité et l'épargne, qu'il écartera la misère. L'ouvrier doit être convaincu aujourd'hui que l'Etat se préoccupe de son sort, de son avenir, de celui de ses enfans, qu'il veille sur leurs destinées et lui prépare d'autres améliorations; mais, il est juste que, d'un autre côté, on lui demande de seconder de si généreuses intentions, en ayant de l'ordre, de la tempérance, et en économisant quelques centimes par jour pendant le cours de sa vie, pour s'assurer une pension de retraite suffisante pour soigner les infirmités de sa vieillesse.

Le Conseil général a été heureux de s'associer complètement à toutes les propositions qui lui ont été présentées et qui touchent si directement au bien-être et à la moralité des classes ouvrières.

Ces propositions qui sont devenues ou qui deviendront bientôt des lois du pays, sont une amélioration et une bienfait qu'il importe de faire pénétrer dans nos populations. Pour les institutions vraiment utiles à créer dans notre centre industriel, vous penserez sans doute, mes chers Collègues, qu'il appartiendra à la chambre d'en prendre l'initiative?

2e. Partie.

En vous rendant compte des travaux du comité des manufactures, des discussions et décisions du Conseil général, en ce qui concerne plus particulièrement les manufactures et le commerce, peut-être trouverez-vous, Messieurs et chers Collègues, que j'ai par trop compté sur votre bienveillante attention?

J'eusse pu, je le sais, borner mon travail à vous relater simplement et sans commentaires, les décisions de l'assemblée dans laquelle j'avais l'honneur de vous représenter.

Ce travail eût été plus court et plus facile.

J'ai pensé, en exagérant l'étendue de mes devoirs, peut-être, que le mandat que vous aviez bien voulu me confier demandait davantage.

J'ai pensé qu'il était de mon devoir de vous faire connaître autant que possible la teneur des documens qui vous avaient été livrés et de vous indiquer surtout les tendances du Conseil général et de chacun de ses comités en particulier, sur les questions qui touchent à la prospérité et à l'avenir de nos manufactures.

En vous soumettant ce compte-rendu, j'ai cherché, comme toujours, à remplir sérieusement le mandat qu'on m'avait fait l'honneur de me confier.

Questions qui concernent plus particulièrement l'agriculture.

J'ai maintenant à vous entretenir des questions qui touchent les intérêts de l'agriculture. Si je ne fais, en ce qui les concerne, que vous citer les décisions qui sont intervenues au

Conseil général, ce n'est pas, veuillez bien le croire, parce que je méconnais l'importance de la première de toutes les industries, de l'industrie agricole, qui occupe en France 20 millions de bras; mais c'est que je craindrais, connaissant, quant à présent, fort peu les intérêts de l'agriculture, d'affaiblir, par quelques commentaires, la portée des décisions qui y ont été prises, je serai donc bref, mais bref à regret. J'eusse voulu, je vous l'avoue, ayant donné d'assez grands développemens aux intérêts des manufactures qui mettent en œuvre les produits de la terre, au commerce qui les échange et les transporte; j'eusse voulu vous entretenir convenablement de l'agriculture qui fournit à l'homme la nourriture et le vêtement.

Le silence est préférable à une concision défectueuse.

Il est à regretter que la discussion de la question du commerce des grains et du commerce de la boulangerie qui avait l'honorable M. Darblay jeune pour son rapporteur, n'ait pas eu lieu. Ces questions touchent à de bien graves intérêts et y eussent été admirablement traitées.

Je me bornerai seulement à vous donner les conclusions de ces rapports.

Régime du commerce de la Boulangerie.

La commission chargée de la question relative au régime du commerce de la boulangerie, a formulé ainsi son opinion :

Sur cette première question, quelle est la valeur des actes du gouvernement qui ont réglementé, tant à Paris que dans 165 autres villes, l'industrie de la boulangerie ?

La commission, par les motifs exposés dans le rapport, répond : « Que les actes du gouvernement qui ont réglementé, « tant à Paris que dans le reste de la France, l'industrie de la « boulangerie, ont une valeur légale confirmée par la jurisprudence de la Cour de cassation. »

Sur cette deuxième question, comment faut-il entendre le principe de la liberté industrielle appliquée à la boulangerie, en ce qui concerne l'article 13 de la Constitution?

Elle répond : « Que la boulangerie doit être comprise, pour « cause d'intérêt public, parmi les industries au sujet des- « quelles il a été fait exception au principe absolu de la li- « berté industrielle, et qu'il n'y a dans cette exception aucune « violation de l'article 13 de la constitution.

Sur cette troisième question : peut-on obliger légalement le boulanger à prendre une permission du maire et à satisfaire à des conditions d'apprentissage ? Ou bien, ne suffirait-il pas d'une déclaration qui mît l'autorité locale en position de constater si les conditions d'approvisionnement et de salubrité qu'on exige sont remplies ?

Elle répond : « Qu'il est indispensable de soumettre le bou- « langer à une permission préalable de l'autorité munici- « pale. »

Sur cette quatrième question: l'obligation d'un approvisionnement de réserve peut-elle encore être considérée comme une préoccupation que la loi des 18 et 24 août 1790 permet de prendre dans l'intérêt public ?

Elle répond : « que l'obligation d'un approvisionnement de « réserve doit être considérée comme une précaution d'intérêt « public prévue par les lois des 18 et 24 août 1790; qu'il est « d'une haute utilité de l'imposer à la boulangerie.

Sur cette cinquième question : doit-on permettre les dépôts de pains, sauf à imposer aux dépositaires l'accomplissement des conditions d'approvisionnement de réserve ?

Elle répond : « Que les dépôts de pains doivent être inter- « dits, sauf sur les marchés publics, désignés par l'autorité. »

Sur cette sixième question : peut-on conserver des syndicats pour la profession de boulanger ?

Elle demande: que les syndicats pour la profession de boulanger soient conservés.

Sur cette septième question : la taxe est-elle possible légalement, et peut-elle se concilier avec les principes de la liberté industrielle ?

Elle répond : « que la taxe du pain est parfaitement légale ; « mais qu'il est indispensable, dans l'intérêt du consomma- « teur, que l'autorité municipale la combine avec la limitation « du nombre des boulangers. »

Sur cette huitième question : peut-on défendre aux boulangers de quitter leur profession sans un avertissement préalable et de restreindre leur fabrication sans autorisation de l'autorité locale ?

Elle répond : « qu'il doit être interdit aux boulangers de « quitter leur profession sans un avertissement préalable. »

Enfin sur cette neuvième question : le privilége accordé par les décrets des 27 février 1811 et 17 mars 1812 aux facteurs à la halle aux farines, sur le dépôt de garantie des boulangers, est-il suffisamment justifié et doit-il être maintenu ?

La commission répond : « que le privilége accordé par les « décrets du 27 février 1811 et du 17 mars 1812 aux facteurs « de la halle de Paris, sur le dépôt de garantie des boulangers, « peut se justifier et qu'il peut être maintenu. »

La commission proposait, en outre, d'émettre le vœu suivant.

« Que le gouvernement se fondant soit sur les lois de 1791, soit « sur une législation nouvelle à intervenir, organise, avec le « concours de l'autorité municipale, dans tous nos centres de « population, une boulangerie taxée et limitée, à l'instar de « ce qui existe aujourd'hui pour la boulangerie de Paris ;

« Qu'en conséquence, il impose aux boulangers, ainsi or- « ganisés, l'obligation d'avoir constamment, soit en blé, soit « en farine, un approvisionnement à peu près égal à leur con- « sommation ordinaire pendant quarante-cinq jours ; appro- « visionnement que les autorités locales leur permettront d'en- « tamer quand les besoins l'exigent. »

Question relative au commerce des grains.

L'honorable M. Darblay jeune, chargé encore du rapport qui devait examiner la question relative au commerce de grains, après des considérations très-remarquables sur les vives souffrances de l'agriculture qui ne vend en ce moment ses grains, ses fourrages et ses bestiaux qu'à des prix excessivement bas, a formulé ainsi les conclusions de la commission :

Que le gouvernement soit prié :

Premièrement. Relativement à la mouture des blés étrangers, de réviser le décret du 14 juillet dernier, relatif à la faculté d'introduire des grains étrangers à charge de réexportation des farines, de telle sorte :

1°. Qu'il n'y ait plus qu'un seul mode de blutage, celui dit à blanc, c'est-à-dire extraction complète de son, de manière à faire des farines blanches de bonne qualité, fraîches et bien conditionnées ;

2°. Qu'il soit fait une distinction à l'importateur entre les blés durs et les blés tendres ;

3°. Que tout blé tendre soit considéré comme blé dur, s'il est mélangé d'un cinquième de blé dur ;

4°. Que l'importateur soit tenu de réexporter par 100 kilog. de blé dur, 85 kilog. de farine blutée de blé dur, et par 100 kilog. de blé tendre, 75 kil. de farine blanche, c'est-à-dire entièrement épurée de son : la stipulation mentionnée au second paragraphe de l'article 2 du décret du 14 janvier 1850 étant maintenue ;

5°. Que les deux sortes de farines soient conformes à des types déposés à la douane, fournis par M. le ministre de l'agriculture et du commerce ;

9°. Que la réexportation des farines ne puisse avoir lieu que par les ports ou par la frontière située dans la section où l'importation a eu lieu.

Deuxièmement. Relativement à la loi du 16 avril 1832 :

Que la loi du 16 avril 1832, relative à l'importation et à

l'exportation des céréales, soit révisée de manière à établir des rapports plus exacts et plus conformes à la réalité des faits entre toutes les classes, soit par la modification des prix limités, soit par une nouvelle classification des départemens et des marchés régulateurs.

Troisièmement. Relativement aux avoines :

Qu'un tarif particulier et spécial soit établi pour les avoines indépendant de celui des blés.

Quatrièmement. Relativement aux voies du transport :

1°. Que le gouvernement, par l'abaissement des tarifs des chemins de fer, par la révision des tarifs de péage sur les canaux et l'abolition des droits de navigation sur les rivières, assure et facilite le transport et la répartition des grains à l'intérieur;

2°. Que, relativement à la substitution du poids à la mesure pour la vente des céréales, le quintal métrique (100 kilog.) soit substitué, sur nos marchés aux grains, à la mesure, comme unité commerciale;

3°. Que la même substitution soit faite dans la loi des céréales pour l'établissement des prix régulateurs et des tarifs d'entrée et de sortie;

4°. Que le même changement ait lieu pour l'octroi des villes.

Législation sur les voies de communication.

Le gouvernement avait saisi le Conseil général de la question de la législation sur les voies de communication.

Cette législation est fort complexe, quelques-unes de ses parties intéressent fortement l'agriculture; ainsi, la tarification des transports sur les canaux et les chemins de fer, la police du roulage, l'administration et la législation des chemins vicinaux et des chemins ruraux. C'était particulièrement sur ces divers points de vue qu'il convenait d'examiner cette question. L'honorable M. Daru, résumant dans un rapport que je regrette de ne pouvoir vous lire en entier, les diverses propositions soumises par la commission au Conseil, a formulé ainsi ses conlusions :

Quant aux voies navigables :

1°. Inviter l'administration à examiner s'il ne conviendrait pas de supprimer les droits de navigation perçus sur cinquante-deux rivières comprises dans les bassins secondaires ; d'établir un seul tarif sur les fleuves et rivières compris dans les bassins principaux ; de supprimer enfin le droit d'octroi maritime là où il existe ;

2°. La commission approuve la réforme récemment introduite dans la tarification des canaux du Nord, et demande que l'administration en étende le bienfait aux canaux du Centre, de l'Est et du Midi, et que dans les travaux à exécuter sur les anciens canaux, on ne néglige pas de donner à ces canaux la section adoptée pour ceux en prolongement desquels ils se trouvent ;

3°. La commission est d'avis qu'il y a lieu de racheter, sans délai, les actions de jouissance des canaux de 1821 et 1822 ;

D'achever ces canaux, et, dans ce double but, d'affermer le réseau à un ou plusieurs concessionnaires, moyennant un tarif capable de servir l'intérêt et l'amortissement du capital affecté par eux à cette double opération. A égalité d'avantages pour l'Etat, la préférence devrait être donnée à une concession unique, sur des concessions morcelées.

A défaut d'un traité de fermage promptement réalisé, l'administration est engagée à prolonger, si faire se peut, les traités existans passés avec les prêteurs et qui expirent le 1er juillet 1850 ;

4°. A mettre les rivières dans lesquelles les canaux aboutissent, en meilleur état de navigation, et, les rattacher au réseau de la navigation artificielle.

Quant aux chemins de fer :

5°. Achever le réseau des chemins de fer le plus promptement possible ;

6°. L'achever à l'aide de l'industrie privée exploitant les voies à vapeur comme les voies navigables ;

7°. Veiller à l'exécution des clauses et conditions des cahiers des charges, et notamment, dans l'application des tarifs différentiels, à la publicité des taxes; veiller à l'exécution des statuts des sociétés anonymes, et notamment à la clause de ces statuts qui ne permet pas d'affecter une partie du fonds social à d'autres emplois qu'à l'objet même de la spéculation autorisée par le contrat d'association ;

8°. Insérer dans les nouveaux cahiers des charges une disposition telle que les tarifs réduits ne puissent être augmentés que successivement, et dans une proportion soumise à l'approbation de l'administration, statuant après enquête et sur l'avis de la commission centrale des chemins de fer.

Quant aux voies de fer :

9°. Supprimer les ponts à bascule ;

Exempter de toute condition de police de roulage;

Les voitures attelées d'un seul cheval;

Les voitures de l'agriculture.

Pour les voitures de plus d'un cheval, imposer une largeur de jantes variable selon le nombre de chevaux attelés, mais en laissant dans cette prescription une certaine latitude nécessité par l'inégalité de la force des chevaux dans les différentes régions de la France.

10°. Maintenir les dispositions de la loi de 1836 dans leur application aux chemins de grande et moyenne vicinalité, sauf à en adoucir momentanément la charge, en raison des circonstances qui pèsent sur l'agriculture, et qui rendent si lourds les meilleurs et les plus utiles impôts.

11°. Introduire l'intervention des conseils cantonaux, au moins sous forme consultative, dans le règlement des intérêts qui concernent la petite vicinalité et les chemins ruraux, affectés à l'usage de plusieurs communes.

12°. Laisser dans les attributions des Conseils communaux, les chemins ruraux qui servent seulement de moyen d'accès et d'exploitation aux propriétés particulières.

Voilà les trois questions agricoles restées à l'état de rapport.

Celles sur lesquelles je vais maintenant avoir l'honneur d'appeler votre attention ont été résolues par un vote du Conseil général;

La plupart toutefois n'ont été adoptées sur les rapports des commissions qu'après une discussion longue et approfondie.

Délits ruraux.

Pour les délits ruraux et l'organisation du service des gardes champêtres, le gouvernement demandait au Conseil général si on devait apporter des modifications à la législation actuelle qui, depuis le décret du 20 missidor, an 3, jusqu'à la loi du 21 juin 1845, comprend une série d'actes administratifs qui ont été complétés par des arrêtés préfectoraux et municipaux, lorsque le besoin s'en est fait sentir dans les localités.

Le gouvernement demandait en outre quels étaient les moyens d'assurer la répression et de dire si l'organisation de la force publique, chargée de réprimer les délits, était suffisante ?

Voici les résolutions adoptées:

1°. Une nouvelle organisation de la police rurale est nécessaire et urgente;

2°. Cette organisation nouvelle devrait être cantonale et obligatoire;

3°. Il conviendrait de l'opérer par l'embrigadement de tous les gardes du même canton, avec faculté pour tous, de verbaliser dans l'étendue de cette circonscription, et sans limiter leurs attributions aux délits ruraux, et en les étendant à toutes les contraventions de police municipale;

4°. La nomination des gardes champêtres pourrait être utilement confiée à l'autorité préfectorale, sur la présentation des maires et d'après l'avis des conseils cantonaux, mais à la charge par le préfet de rendre compte chaque année au Conseil général, soit des révocations, soit des nominations qui auraient été faites en dehors des listes de présentation;

5°. Sur tous les autres détails de l'organisation proposée, les conseils cantonaux devraient être appelés à préparer des projets qui seraient soumis aux Conseils généraux de département;

6°. Il serait juste et convenable de centraliser en un fond commun départemental, applicable au service de la police rurale, et distribué par les Conseils généraux de département, toute la part du produit des permis de chasse et des amendes attribuées aux communes rurales et urbaines, par la loi du 3 mai 1844.

Organisation du commerce de la Boucherie.

Si je vous présente, mes chers Collègues, la question qui touche l'organisation du commerce de la boucherie dans Paris, c'est parce qu'en appelant votre attention sur le régime qu'on veut y établir, vous pouvez y puiser d'utiles renseignemens sur ce qui pourrait être fait dans d'autres localités.

Cette question mérite toutefois d'être examinée et approfondie, non-seulement au point de vue des consommateurs, mais au point de vue des intérêts agricoles et commerciaux d'un grand nombre de départemens de la France; puisque 60 environ concourent à son approvisionnement de bestiaux.

Voici les conclusions de la commission qui ont été adoptées:

1°. Le Conseil général, considérant que le droit de taxer la viande de boucherie, accordé à l'autorité municipale par la loi des 19, 22 juillet 1791, n'est appliqué que très-rarement;

Considérant que son application présente des difficultés et des inconvéniens sérieux pour parvenir à concilier équitablement l'intérêt des consommateurs et celui des bouchers;

Que cependant, il peut se présenter quelques cas exceptionnels dans lesquels il peut devenir nécessaire à l'autorité municipale d'y avoir recours;

N'est pas d'avis qu'il faille abroger la disposition précitée ;

2°. Le Conseil général, tout en déclarant que la liberté dans le commerce de la boucherie, à Paris, sous la surveillance de l'autorité municipale, lui paraît le mode le plus rationnel pour l'alimentation de la capitale ; sans reconnaître le droit et les prétentions des bouchers à un privilége quelconque, admet la limitation actuelle comme un fait à condition que la concurrence du dehors continuera d'être autorisée par l'autorité compétente, sur les bases les plus larges et sous quelque forme qu'elle se présente ;

3°. Le Conseil général croit utile de maintenir le système des marchés spéciaux pour la boucherie de Paris ;

4°. Il croit utile de maintenir l'institution de la caisse de Poissy, même dans le cas où le régime de la liberté la plus complète serait substituée au régime actuel, et de la maintenir obligatoire pour les bouchers de Paris.

Il propose ensuite d'admettre les bouchers du département de la Seine, autres que ceux de Paris et ceux du département de Seine-et-Oise ; à obtenir les crédits accordés par la caisse de Poissy, aux mêmes conditions que les bouchers de Paris, sans leur en imposer l'obligation absolue.

Le Conseil général demande que le service de la caisse de Poissy et les crédits qu'elle accorde aux bouchers, s'appliquent aux achats faits par ceux-ci aux marchés à la criée de gros ou de demi-gros de la halle aux Prouvaires, aussi bien qu'aux animaux vivans rendus sur les marchés d'approvisionnement de Paris, aussi bien qu'aux animaux vivans sous réserve d'amélioration ;

5°. Il est d'avis de maintenir la prohibition de la revente des bestiaux sur pied ;

6°. Il pense qu'on ne doit plus prohiber le commerce à la cheville ;

7°. Le Conseil général croit indispensable de réduire à quatre jours, compris celui de la vente, le délai de garantie pour la mort naturelle de bestiaux vendus aux bouchers, et dans le cas où il y a lieu à l'exercice de cette garantie, que la perte qui résulte de la mort de l'animal soit supportée par moitié par le vendeur et moitié par l'acheteur, sans préjudice du recours établi par l'article 1er de la loi du 20 mai 1838 pour les cas rédhibitoires ;

8°. Le Conseil général donne l'approbation la plus complète aux mesures prises par les ordonnances du préfet de police, du 14 août 1848, du 3 mai et du 24 août 1849 ; il en demande le maintien et le complément, parce qu'il est convaincu qu'elles ont enfin réalisé une concurrence sérieuse et efficace pour la vente de la viande de boucherie dont le résultat serait nécessairement d'en faire baisser le prix et de mettre à la portée d'un plus grand nombre de consommateurs, un aliment aussi précieux.

9°. Le Conseil général est d'avis encore que les dispositions dont il demande la réalisation immédiate peuvent être prises par des ordonnances du préfet de police, approuvées par le ministre de l'agriculture et du commerce, ainsi que l'ont été très-légalement, dans l'opinion du conseil, les dispositions prescrites par les ordonnances des 14 août 1848, 3 mai et 24 août 1849 ; à l'exception de la réforme de la durée de la garantie de neuf jours pour les animaux morts de mort naturelle, laquelle étant fondée sur un usage considéré comme ayant force de loi, ne peut être opérée que par une loi. Plusieurs propositions pour améliorer le commerce de la boucherie, ont encore été prises en considération. Vous trouverez sans doute suffisantes, sur cette question, celles que je viens d'avoir l'honneur de vous faire connaître.

Question de la reproduction de la race chevaline.

Le Conseil général renfermait dans son sein un grand nombre d'agronomes distingués, de cultivateurs instruits, d'amateurs de chevaux ; il ne pensait pas que la question de la reproduction de la race chevaline en France ne fût pas sérieusement discutée. Cette discussion a même été vive et soutenue, et les résolutions suivantes ont été ensuite adoptées :

Article 1. Nul détenteur d'étalon ne pourra l'employer à la monte des jumens d'autrui, s'il ne l'a fait préalablement autoriser, ainsi qu'il sera dit ci-après.

Article 2. Devront être autorisés : les étalons classés par les commissions hippiques, régulièrement organisées.

Seront classés tous les étalons exempts de vices de conformation, de tares héréditaires et transmissibles.

Article 3. Dans chaque département, l'autorisation sera donnée par le préfet, sur la carte de classement délivrée par la commission de cinq membres choisis par lui.

L'autorisation ne sera valable que pour un an.

L'organisation des commissions qu'il serait utile de nommer dans chaque département, les circonscriptions dans lesquelles elles devront opérer, leurs attributions, la nomenclature des vices ou maladies transmissibles par l'acte reproducteur qui devront faire rejeter les étalons, seront l'objet d'un arrêté réglementaire.

Article 4. Chaque année, le Préfet dressera et publiera la liste des étalons autorisés.

Il délivrera les certificats d'autorisation sur papier libre et sans frais.

Article 5. Toute infraction à la présente loi, de la part du détenteur de l'étalon, sera punie d'une amende de 16 à 200 fr. dont moitié au profit du trésor public, et moitié au profit de la commune dans laquelle l'infraction aura eu lieu.

Si l'infraction a été commise par un étranger, le cheval pourra être mis en fourrière jusqu'après jugement.

En cas de récidive, l'amende sera portée au double.

Article 6. Il y aura récidive, lorsque, dans le courant de douze mois antérieurs au délit, il aura été prononcé contre le prévenu une condamnation pour infraction aux dispositions de la présente loi.

Article 7. Les étalons autorisés seront marqués de la lettre A au sabot hors montoir de devant.

Article 8. La présente loi sera exécutoire à partir du 1er janvier 1851.

A la suite de cette délibération, le Conseil émet le vœu suivant :

1°. Que le droit d'importation sur les jumens et pouliches soit fixé à 25 fr. ;

2°. Que celui des chevaux entiers, hongres ou poulains, soit fixé à 50 fr. ;

3°. Que des mesures plus efficaces soient prises à nos frontières de terre, pour empêcher l'introduction frauduleuse des chevaux ;

4°. Que les crédits portés au budget du ministère de l'agriculture et du commerce soient augmentés, notamment pour l'achat d'un plus grand nombre d'étalons améliorateurs.

La commission chargée de l'examen de cette grave question a émis en outre une série de vœux qui seront discutés à la prochaine session.

Parmi les institutions les plus utiles dont l'industrie agricole ait été dotée, dans ces dernières années, il faut citer celle des concours d'animaux destinés à la boucherie ou à la reproduction.

Concours d'animaux reproducteurs.

Avant de régler définitivement le programme du concours d'animaux reproducteurs, de produits agricoles et d'instrumens aratoires, l'administration de l'agriculture a désiré connaître l'opinion du Conseil général sur les diverses propositions qui se sont produites et sur le meilleur mode à suivre pour la réorganisation, à Versailles, de cette exhibition.

Voici la solution qui a été demandée au Conseil général :

Y a-t-il lieu d'introduire, soit dans la forme, soit dans le fonds des modifications aux programmes actuellement en vigueur, pour déterminer les règles à suivre dans les concours d'animaux de boucherie?

Quelles seraient ces modifications?

Le Conseil général a décidé:

Qu'il sera établi un concours national et annuel à Versailles;

Qu'il sera en outre établi, dans des villes à choisir par le gouvernement, six concours régionnaires d'animaux reproducteurs;

Que le concours de Poissy sera maintenu, et qu'enfin des concours de boucherie dans les départemens seront organisés.

Marais salans.

Je crois ne pas devoir analyser longuement devant vous la question qui nous fut soumise, en ce qui concerne les dangers que les marais salans peuvent présenter pour la santé publique. Le Conseil a partagé l'avis du gouvernement en décidant que nul ne pourrait établir un marais salant sans une autorisation obtenue dans la forme et sous les conditions qui seront ultérieurement déterminées.

Tarif des bestiaux.

La question du tarif des bestiaux a été aussi l'objet de nombreuses discussions, tant dans les chambres législatives, dans les comices, qu'au sein des Conseils généraux de l'agriculture, des manufactures et du commerce.

Le gouvernement n'a pas voulu différer plus long-temps à aborder l'étendue d'une réforme qui satisferait, suivant lui, à un intérêt populaire de premier ordre.

Il a proposé à l'examen du conseil le projet suivant qui, quoique différent de celui proposé par la commission, a été adopté; en voici la teneur:

1°. Changement du droit par tête en droit au poids;

2°. Diminution des droits qui sont perçus aujourd'hui.

Voici l'article du projet du gouvernement:

Les bestiaux importés par la frontière de l'Est, à partir de

Sierck (Moselle), inclusivement, jusqu'à Bellegarde (Ain) inclusivement, paieront les droits ci-après :

	Bœufs.	Vaches.
400 kilog. en plus.	50 fr.	25 fr.
380 kilog. et moins de 400.	40	25
200 kilog. et moins de 300.	30	15
150 kilog. et moins de 200.	20	10
Taureaux, Bouvillons (moyenne du poids).		13
Génisses (moyen du poids).		11
Veaux de lait.		3

Ici je termine, mes chers Collègues, le rendu-compte des principales questions dont le gouvernement avait entendu saisir le Conseil général de l'agriculture, des manufactures et du commerce.

Je vous ai exprimé mon regret profond de n'avoir pu donner à celles qui concernent plus particulièrement les intérêts agricoles, le développement que devait recevoir dans ce compte-rendu cette grande et puissante industrie qu'on appelle l'Agriculture, et qui produit le blé, le bois, le vin, le chanvre, les bestiaux, enfin les objets les plus nécessaires à la vie humaine. Vous aurez apprécié, je n'en doute pas, les motifs de mon humilité et de ma réserve. Mal dire est pis que de ne rien dire.

3ᵉ. Partie.

Vœux.

J'arrive bientôt, Messieurs, à la fin de ma tâche.

Il ne me reste plus qu'à vous faire connaître les principaux vœux que le Conseil général a sanctionnés par son approbation.

Les membres du Conseil, je crois me rappeler avoir eu l'honneur de vous le dire en commençant ce travail, étaient admis à exprimer les vœux de leurs commettans ou ceux qu'ils croyaient devoir émettre en leur nom.

Après les termes des vœux formulés et lus à la tribune en assemblée générale, l'examen en était renvoyé à des commissions spéciales, et sur leurs rapports, ils étaient discutés.

Je chercherai, en énumérant devant vous ceux qui ont été pris en considération, d'en oublier le moins possible.

Médecine vétérinaire. Le Conseil général, adoptant les conclusions de la commission des vœux, et, statuant sur la nécessité de régler au plus tôt, par une loi spéciale, l'exercice de la médecine vétérinaire, dit : « Que la valeur des animaux que la France possède étant de « plus de trois milliards et la moitié des animaux qui suc-« combent à des maladies, étant, ce qui est très-fâcheux, pour « la plupart, confiés à des empiriques ou à des artistes igno-« rans; il y a lieu à prendre ce vœu en considération, et « comme cette question est à l'étude depuis long-temps, le « Conseil émet le vœu qu'elle soit élaborée et présentée enfin « pour la session de 1851. »

Défrichement des bois. Sur le vœu relatif au défrichement des bois :

Le Conseil demande que le décret du gouvernement provisoire du 2 mai 1848, relatif au défrichement des bois soit rapporté dans toutes ses dispositions.

Statistique agricole. Sur le vœu qui demande une statistique agricole et commerciale, le Conseil formule ainsi le sien :

1°. Que l'exécution de la statistique agricole et commerciale, dirigée par une commission entièrement gratuite, placée à Paris, près de M. le Ministre de l'agriculture et du commerce soit, dans chaque département, confiée aux sociétés d'agriculture, jusqu'à la formation, bien entendu, des chambres d'agriculture ;

2°. Que des tableaux et documens, dressés par les soins de la commission centrale, assurent l'uniformité indispensable à un travail de cette nature;

3°. Que les tableaux statistiques soient établis par commune, suivant les diverses formules transmises par la commission centrale;

4°. Que le relevé cadastral serve de base à l'établissement des diverses cultures, de leur produit moyen, et des conditions géologiques du sol et du sous sol, en prenant pour unité la contrée dudit lieu;

5°. Que ce relevé soit fait par les soins de l'administration des contributions directes de chaque dépositaire des plans cadastraux et des états de sections qui s'y rapportent.

Centimes additionnels, eu égard aux propriétés de l'Etat.

Sur le vœu ayant pour but d'appeler à l'avenir les propriétés de l'Etat, productives de revenus à contribuer, comme les propriétés communales et particulières de même nature, au paiement des centimes additionnels communaux et départementaux, quel qu'en doive être l'emploi.

Le Conseil général a été d'avis :

Que, dans la répartition des fonds destinés à aider les communes dont les ressources sont insuffisantes, l'administration prenne en sérieuse considération la position exceptionnelle de celles dont le territoire est occupé par les propriétés de l'Etat productives de revenus.

Que le gouvernement veuille bien faire étudier cette importante question avec tout le soin et toute l'attention qu'elle réclame.

Péréquation de l'impôt foncier entre les départem[ts].

Sur le vœu relatif à la péréquation de l'impôt foncier entre les départemens; les conclusions de la commission, ainsi formulées, ont été adoptées :

1°. Que les opérations cadastrales, ordonnées en 1790 et qui devaient durer 10 ans, soient enfin terminées et étudiées dans leur application;

2°. Qu'il soit présenté un tableau complet et définitif pour la répartition égale entre tous les départemens;

3°. Que la péréquation ne soit opérée que par voie de dégrèvement, afin de n'apporter aucune perturbation dans les actes translatifs de propriétés intervenus dans les départemens qui se trouvent le moins imposés.

Je dois vous dire, Messieurs, désirant ne rien vous laisser ignorer de ce qui s'est passé au Conseil général, que son honorable président M. Dumas, ministre du commerce, qui n'a jamais laissé échapper l'occasion de donner les renseignemens qui lui étaient demandés ou qu'il croyait devoir fournir au Conseil, s'était empressé, à ce sujet, de nous entretenir des 27 millions de dégrèvement proposés au budget de 1851, et qui doivent opérer peu à peu le remboursement des 45 centimes ajoutés à l'impôt direct en 1848.

Une série de vœux, adoptés à peu près sans discussion sur les rapports de la commission, avait pour objet:

Vœux diverses. 1°. De demander que le sel employé dans les fabriques de produits chimiques continue à jouir de l'exemption de l'impôt;

2°. De maintenir, encourager et organiser l'institution des comptoirs nationaux;

3°. De modifier la législation sur la consignation des marchandises, en matière de privilége du trésor public;

4°. De réviser complètement les lois, décrets et réglemens concernant les prud'hommes;

5°. De demander que les décrets du 3 mai 1848, relatifs à la refonte des monnaies en cuivre, reçoivent une solution immédiate;

6°. De faire appliquer le système métrique au dévidage des fils de toute nature, soit simple, soit retors;

7°. De réserver exclusivement au pavillon français le transport des houilles et autres approvisionnemens pour le service de l'Etat;

8°. De faire surveiller, avec vigilance, dans l'intérêt de la salubrité publique, l'exploitation des tourbières; d'exiger des exploitans qu'ils aient à se conformer aux dispositions des articles 83, 84, 85 et 86 de la loi du 20 avril 1810;

De faire étudier, par l'administration, les questions relatives aux tourbières à exploiter, pour en saisir le Conseil général dans sa prochaine session.

9°. De ne prendre dans les conseils du gouvernement à l'instar de ce qui se pratique toujours en Angleterre, aucune résolution touchant aux intérêts du travail national, agricole ou manufacturier, sans enquêtes préalables, dans lesquelles seraient sérieusement entendus les organes spéciaux de ces intérêts;

10°. De recommander la stricte exécution de la loi du 21 mai 1836, sur les loteries, en n'autorisant qu'avec la plus grande réserve, celles qui, sous le manteau de la bienfaisance, dissimulent des opérations commerciales;

D'inviter, en conséquence, le gouvernement de faire en sorte que, par une appréciation sévère, cette loi conserve désormais son autorité morale ; sans que pour cela cette appréciation devienne une entrave, dont les arts et la bienfaisance puissent légitimement se plaindre ;

11°. De pourvoir, par un réglement, à l'institution d'arpenteurs publics et de prendre des mesures pour assurer leur capacité, la régularité, la loyanté et la conservation de leurs actes.

Vœu relatif à une meilleure organisation du ministère du commerce.

Le Conseil général a aussi formulé le vœu qu'il fût donné une meilleure organisation au ministère de l'agriculture et du commerce.

Les motifs qui ont été mis en avant pour proposer et faire adopter ce vœu, sont ceux-ci :

Les Consuls qui sont chargés de veiller à l'extérieur sur les intérêts de notre commerce et de notre industrie, reçoivent leurs instructions du ministère des affaires étrangères.

Les irrigations dépendent du ministère des travaux publics.

La petite vicinalité et la police rurale appartiennent au département de l'intérieur, et, la direction générale des forêts est confiée au ministère des finances; conséquence inévitable, a-t-on ajouté, du dépérissement de notre richesse forestière, exploitée exclusivement au point de vue fiscal.

Vous penserez sans doute, comme le Conseil général, Messieurs, qu'un ministère chargé de la direction à donner aux richesses productives de la France, devrait recevoir le plus vite possible une organisation plus étendue et plus complète.

Vœu relatif à l'enseignement de l'économie politique.

Le Conseil général a accueilli et voté un vœu conçu en ces termes :

« Le gouvernement est prié de veiller à ce que l'économie « politique soit enseignée par les professeurs rétribués par l'E- « tat non plus au seul point de vue théorique du libre-échange, « mais aussi et surtout, au point de vue des faits et de la lé- « gislation qui régit l'industrie française.

Vous remarquerez, mes chers Collègues, que ce vœu ne renfermait aucune recommandation expresse ou exclusive pour telle ou telle théorie; il contenait seulement la prière au gouvernement, de faire enseigner aussi l'économie politique, au point de vue de la pratique.

Cependant, la simple lecture de ce vœu, bien inoffensif sans doute, avait produit la seule discussion agitée et irritante qui ait eu lieu au Conseil général pendant toute la durée de sa session.

Voici quelle fut l'origine de ce vœu :

Plusieurs industriels mécaniciens et chefs d'établissemens de Paris, dont les noms ne me reviennent plus, adressèrent au comité des manufactures, en forme de pétition, une plainte sérieuse sur les principes économiques et sur les doctrines étranges, pour ne pas dire dangereuses, professées dans une chaire du Conservatoire des Arts et Métiers.

A l'appui de leur plainte, ces honorables industriels joignirent même des fragmens, sténographiés pendant le cours, des paroles prononcées par le professeur M. Blanqui aîné.

En présence de pareils documens et de la demande des pétitionnaires, que devait faire le Comité des manufactures? Il était de son devoir de faire connaître à M. le ministre de l'agriculture et du commerce les réclamations qui lui étaient parvenues, et de lui demander, par le mode indiqué par les usages du Conseil général, c'est-à-dire par un vœu, de permettre qu'une chaire d'économie politique fût aussi ouverte, à l'époque qu'il voudra bien décider, pour que l'enseignement qui y sera donné, le soit, au moins cette fois, au point de vue de la législation qui régit l'industrie française : rien n'était plus équitable que la conduite du Comité des manufactures.

En effet, tout le monde sait que les différentes parties de l'économie politique sont enseignées au Conservatoire des Arts et Métiers, par trois professeurs excessivement distingués, qui se nomment Messieurs Michel Chevalier, Wolowski et Blanqui aîné. Tout le monde sait, ainsi que Messieurs Michel Chevalier, Wolowski et Blanqui aîné, sont depuis long-temps partisans des doctrines du libre-change qu'ils professent en toute occasion avec l'éclat de leur parole et de leur profond savoir.

Etait-ce faire preuve de grande exigence, que de demander humblement, que les doctrines opposées à celles professées par ces Messieurs, puissent se faire connaître? Etait-ce montrer une exigence déraisonnable, que de demander à M. le ministre du commerce, que, sur les quatre tribunes qui pourraient être ouvertes à l'enseignement de l'économie politique, il y en ait une, une au moins, où la défense des intérêts de la production nationale pût être librement présentée?

Vous ne l'auriez pas pensé, Messieurs, et la grande majorité du Conseil général a voté comme vous l'eussiez fait vous mêmes; c'est-à-dire qu'il a adopté ce vœu, malgré les discours et les protestations énergiques de nos Collègues, Messieurs Michel Chevalier et Wolowski, membres du Conseil général.

Depuis cette discussion, les honorables professeurs du Conservatoire, qui sont aussi des écrivains distingués, ont blâmé un peu sévèrement, dans plusieurs journaux et revues, la décision du Conseil général, et ont indirectement recommencé l'attaque contre les doctines que vous, Messieurs, et avec vous, tous les districts manufacturiers, avez toujours si énergiquement défendues.

Vous n'attendez pas de moi, qu'à la fin d'un compte-rendu si long à entendre, si long surtout à écrire, j'entreprenne de répondre, dans un travail qui n'aura qu'une publicité intime, à des théories dont la réalisation serait si contraire aux véritables intérêts de la France.

Je demanderai seulement s'il n'y a pas de l'imprudence à discuter aujourd'hui la réforme de nos lois de douane, dont le résultat serait, tout au moins, quand à présent, de bouleverser de nouveau la position des ouvriers, qui commencent à peine à se remettre de la grande crise de 1848 ?

Le moment pour rouvrir un pareil débat, avouons-le, serait bien mal choisi ! et l'espèce de défi, jeté par insinuation, aux manufacturiers et à leurs organes, ne doit pas, quant à présent, suivant moi, être relevé.

Des questions bien autrement graves préoccupent, hélas ! le gouvernement et le pays.

Le gouvernement et le pays trouvent sans doute que la situation où se trouvent le trésor public et la politique de la France, ne peuvent pas permettre qu'on essaie encore, avec des théories d'une application dangereuse, de bouleverser les manufactures, et, par contre, la position des travailleurs.

L'un et l'autre reconnaissent que, s'il ne faut pas rejeter pour l'avenir toute pensée de réforme, ces pensées de réformes ne doivent arriver qu'avec le temps; qu'elles doivent être étudiées avec maturité, et qu'il faut attendre, pour en discuter les conditions; que l'industrie nationale soit assez forte pour lutter contre la concurrence étrangère. Ce que conseillent les esprits sérieux, c'est ce qu'a fait l'Angleterre dont on ne cesse de nous citer l'exemple.

La France ne peut mieux faire que de suivre, surtout quand il s'agit d'intérêts nationaux, la conduite de l'Angleterre. Si la ligue anglaise est parvenue à pouvoir obtenir, sans dangers pour ses produits, la réforme des céréales et l'introduction de beaucoup de marchandises étrangères, savez-vous à qui elle doit cette heureuse situation ? Elle le doit surtout au système de prohibition absolue de son gouvernement, qui lui a permis pendant plus d'un siècle d'améliorer sa production, elle le doit à un système exclusif de protection qui fut poussé si loin qu'elle ne craignait pas de décréter la peine de mort contre le délit d'exportation de ses machines.

Que l'expérience de cette exemple ne soit pas totalement perdu pour la France.

N'oublions pas non plus, Messieurs, le discours prononcé par le grand homme d'état dont l'Angleterre honore la mémoire et dont elle regrettera toujours la haute capacité ; n'oublions pas les paroles prononcées par sir Robert Peel, lorsqu'il proposa son bill de réforme commercial au parlement : après avoir exposé les avantages accordés à la Grande Bretagne par Dieu et le nature, après avoir tracé sa position géographique, ses richesses en tous genres, l'avantage d'un capital dix fois plus considérable que celui de toute autre nation du monde, il ajoutait : « Considérez tous ces avantages et dites maintenant si l'Angleterre peut encore redouter la concurrence de l'étranger !!! »

Ce sont des paroles qui ne doivent jamais être oubliées.

Le jour où l'on pourra dire à nos manufacturiers ce que sir Robert Peel disait aux manufacturiers anglais, ils seront les premiers, qu'on n'en doute pas, à réclamer à leur tour avec orgueil la réforme des tarifs en France. Ce que doit faire un gouvernement sage, avec les incertitudes de notre avenir politique, c'est de maintenir notre législation douanière qui a produit de si grands résultats.

Si l'Angleterre a diminué ses tarifs, c'est encore en vue d'augmenter la puissance de ses moyens d'agression contre les produits français. Nous devons donc persister à demander encore la protection mais sans exclure les réformes dont une expérience approfondie aurait fait connaître l'utilité et dans des conditions assez efficaces, pour assurer l'existence et le développement du travail national.

Vœu final relatif à l'avenir du pays.

Nos honorables collègues, Messieurs Mimerel, Schneider et de Torcy, avaient cru devoir appeler la sérieuse attention du gouvernement sur la détresse persistante de l'Agriculture, sur les souffrances de certaines parties de nos industries et de notre commerce.

Voici les dispositions les plus remarquables du rapport présenté, en réponse à ce vœu, par l'honorable M. Barbet, au nom de la commission des vœux :

« Votre commission des vœux, après un mûr examen, a cru « qu'il vous appartenait, à vous, Messieurs, convoqués de tous « les points de la France, représentans de tous les intérêts, « connaissant toutes les misères, d'exprimer les inquiétudes « réelles qui, dans les villes comme dans les campagnes, pa- « ralisent déjà ou menacent dans l'avenir le travail et les « transactions.

« Quelle est en effet la situation de l'agriculture, des ma- « nufactures et du commerce?

« L'agriculture a vu ses produits tomber à un prix qui ne la « couvre pas de ses dépenses.

« Le cultivateur est obligé de renvoyer une partie de ses ou- « vriers; loin de songer à acheter des instrumens perfection- « nés, il peut à peine entretenir son matériel d'exploitation,

« et si cet état de choses se prolongeait, l'Agriculture recule-« rait dans notre pays, au lieu d'avancer.

« L'industrie, il est vrai, présente une situation moins dé-« favorable.

« Comme il a fallu combler le déficit qui s'était produit dans « les consommations, par suite du renchérissement des céréa-« les, en 1847, et par suite du temps d'arrêt resultant de la « Révolution de février, elle a joui d'une activité exception-« nelle.

« Le malaise se fait surtout sentir dans les industries de luxe « et à l'égard de celles qui se rattachent aux constructions ci-« viles et industrielles. Qui peut songer à bâtir, lorsque, à « Paris seulement, les logemens vacans se comptent par mil-« liers ?

« Qui songeait à élever de nouvelles usines ou manufactu-« res, alors que celles qui ont été les plus actives, n'osent pas « accroître ou renouveler leur matériel ?

« De là une langueur mortelle pour l'industrie du bâtiment, « pour l'industrie des machines, pour nos fonderies, nos forges « et pour l'industrie métallurgique toute entière, qui, après « avoir employé des capitaux si considérables de 1842 à 1848, « est obligée de laisser une grande partie de ses fourneaux « inactifs et de réduire de moitié le nombre de ses ouvriers.

« Ces considérations, Messieurs, ont déterminé la majorité « de la commission des vœux à vous proposer d'accueillir la « proposition de nos collègues, qui consiste, comme nous vous « l'avons déjà dit, à appeler l'attention du gouvernement sur « la détresse persistante de l'agriculture, des manufactures et « du commerce, sur les causes qui l'entretiennent.

« Adopter cette proposition, Messieurs, ce sera terminer « dignement la mission qui vous est confiée ; car, soyez per-« suadés que si on a vu avec satisfaction, dans nos départe-« mens, le gouvernement nous réunir pour avoir notre avis

« sur les questions les plus importantes pour le présent et « l'avenir, on a pensé aussi que nous ne nous séparerions pas, « sans lui avoir fait connaître la situation du pays, ses souf- « frances et les causes qui les produisent.

« C'est aux grands pouvoirs de l'Etat qu'il appartient d'avi- « ser sans retard aux moyens qui peuvent garantir au pays, « par la puissance des institutions et l'autorité de la loi, l'or- « dre et la sécurité sans lesquels il n'y a pas de prospérité « possible.

Ce vœu fut considéré, par certains organes de la presse, comme un vœu politique. Ce fut une erreur.

Le Conseil général n'avait pas à s'occuper des questions brûlantes de la politique, et il ne s'en était pas occupé. Il avait seulement cru qu'il était de son devoir de se rendre l'organe des intérêts qu'il représente, en exprimant les appréhensions du commerce sur l'avenir, cette première garantie du travail; parce que ces appréhensions arrêtaient la marche et les progrès de ses industries.

En demandant aux pouvoirs constitutionnels de l'Etat de garantir à la France, par l'autorité de la loi, l'ordre et la sécurité, le Conseil général n'avait pas formulé un vœu politique. Il avait seulement exprimé une pensée qui est celle de tout le monde: c'est que le premier besoin de l'agriculture, des manufactures et du commerce, c'est la sécurité pour le présent, c'est la confiance dans l'avenir, et cela, parce qu'au jour qui produit une marchandise, il faut, pour l'écouler, un lendemain qui la consomme.

Le Conseil général avait reçu du gouvernement le mandat de rechercher avec lui et de lui signaler les améliorations utiles et praticables, de celles qui ne la sont pas; ce mandat, il l'avait rempli; ces améliorations, il les avait indiquées.

Au lieu de dangereuses utopies qui ont fait leur temps, il a proposé de mettre à leur place une série de réformes qui, en améliorant le sort des travailleurs, aura pour but de les élever et de les moraliser. Voilà la seule politique du Conseil général, et, en terminant ses travaux, il avait jugé convenable aussi de donner sa complète adhésion aux paroles qui lui avaient été adressées le jour où il se réunissait pour les commencer.

En effet, le 7 avril, M. le Président de la République avait dit : « Au lieu de se lancer dans de vaines théories, les hom-
« mes sensées doivent unir leurs efforts aux nôtres, afin de
« relever le crédit, en donnant au gouvernement la force in-
« dispensable au maintien de l'ordre et du respect de la loi...
« Je ne saurais trop le répéter : hâtons-nous, le temps presse ;
« que la marche des mauvaises passions ne devance pas la
« nôtre... »

Le Conseil général, par ce vote qui terminait ses travaux, s'était complètement associé aux généreuses intentions et au désir du premier magistrat de la République.

Avant que de déclarer la session de 1850 close, M. le ministre de l'agriculture et du commerce a cru devoir adresser au Conseil général, sur l'appréciation de ses délibérations et sur l'avenir de son organisation, quelques paroles que je suis persuadé que vous entendrez avec d'autant plus de plaisir, qu'elles sont une nouvelle preuve de la sollicitude du gouvernement sur l'avenir de la représentation des intérêts agricoles et manufacturiers de la France.

« Ces travaux en commun, a dit M. le ministre, dans son
« discours d'adieu, ces discussions publiques, ces délibéra-
« tions du Conseil tout entier, tout était nouveau pour vous ;
« mais vous avez bientôt compris que ces nouveautés étaient
« de notre époque, et qu'elles étaient acquises pour toujours.

« Le Conseil général est reconstitué ; sa session close, il
« existe toujours, et chacun de ses membres demeure le cor-

« respondant naturel, le conseiller direct et éclairé du minis-
« tère du commerce.

« Assurer votre perpétuité, garantir votre bon renouvelle-
« ment par une sage organisation des chambres consultatives,
« c'est un soin que vous n'avez pas négligé et que vous avez
« rendu facile au gouvernement, par les propositions que vous
« avez adoptées à ce sujet.

« Tous mes efforts tendront à maintenir entre vous des rap-
« ports fréquens, en provoquant, à Paris ou dans les départe-
« mens, des réunions entre les membres du conseil repré-
« sentant le même intérêt ou la même contrée, qui serviront
« puissamment les désirs de l'industrie, de l'agriculture et du
« commerce. Mes efforts ne tendront pas moins à conserver
« entre le ministère et chacun de vous, des relations fré-
« quentes et directes.

« Quand vos avis m'arriveront spontanément, soyez sûrs
« qu'ils recevront un bon accueil ; quand ils se feront atten-
« dre, ne vous étonnez pas si je vais le chercher.

« Je n'oublierai jamais que vous vivez au milieu de la pra-
« tique, au sein des affaires, que vous en appréciez mieux
« que moi les difficultés et les besoins, et que ma plus grande
« gloire serait de m'assimiler vos pensées pour les traduire
« en mesures de gouvernement. Je sais tout ce qu'elles prê-
« teront de vie à mon administration ; aussi, m'efforcerai-je
« toujours de cimenter entre celle-ci et vous, une union qui,
« en faisant votre force et la sienne, prépareront au pays de
« longs jours de prospérité, en assurant au travail tout son
« essort, en garantissant à l'agriculture et à l'industrie une
« protection légitime et en ouvrant au commerce de nouveaux
« débouchés.

« Puissiez-vous constater, quand une prochaine session
« s'ouvrira, que vos efforts et les nôtres n'auront pas été sans
« fruit pour la grandeur du pays. »

En ajoutant un seul mot au discours que je viens d'avoir le plaisir de vous citer, j'eusse craint d'en affaiblir l'impression. J'ai pensé, et vous penserez sans doute comme moi, que je ne pouvais plus convenablement terminer ce compte-rendu des travaux du Conseil général de l'agriculture, des manufactures et du commerce, qu'en vous citant les paroles d'adieu qui lui ont été adressées par le savant ministre qui l'avait si dignement présidé.

Il vous appartient maintenant, Messieurs, de dire si, suivant vous, la session qui vient d'être close a été utilement remplie et si le pays n'est pas en droit d'attendre de ses travaux une législation qui tendra à améliorer la situation de ses producteurs et de sa production ?

J'ai fini, mes chers Collègues; permettez que les dernières paroles qui vont être transcrites sur la dernière page de ce compte-rendu contiennent encore la respectueuse expression de ma profonde reconnaissance pour l'honneur que vous avez bien voulu me faire en me confiant le mandat de vous représenter au Conseil général de l'Agriculture, des Manufactures et du Commerce.

Il est des marques d'estime et de confiance qui ne doivent jamais s'oublier. Aussi, est-ce en mettant au service de mon pays et de ses intérêts toutes les forces de mon dévouement, de ma bonne volonté et de mon zèle, que j'espère reconnaître la bienveillance dont, en maintes circonstances, vous, mes cher Collègues et Messieurs les Commerçans de Saint-Quentin, avez bien voulu m'honorer.

FIN.

ERRATA.

Pages 16, 1re ligne, *lisez :* propositions *au lieu* proportions.
19, 12e ligne, *lisez :* entendu *au lieu* entendre.
22, 17e ligne, *lisez :* rendus *au lieu* rendues.
25, 24e ligne, *lisez :* d'exportation *au lieu* d'exploitation.
37, 19e ligne, *lisez :* Louis Lebeuf *au lieu* Lislebeuf.
40, 26e ligne, *lisez :* un *au lieu* au.
40, 28e ligne, *lisez :* devrait *au lieu* devait.
47, 12e ligne, *lisez :* terminée *au lieu* déterminée.
71, 20e ligne, *lisez :* nous *au lieu* vous.
89, Note marginale, *lisez :* divers *au lieu* diverses.

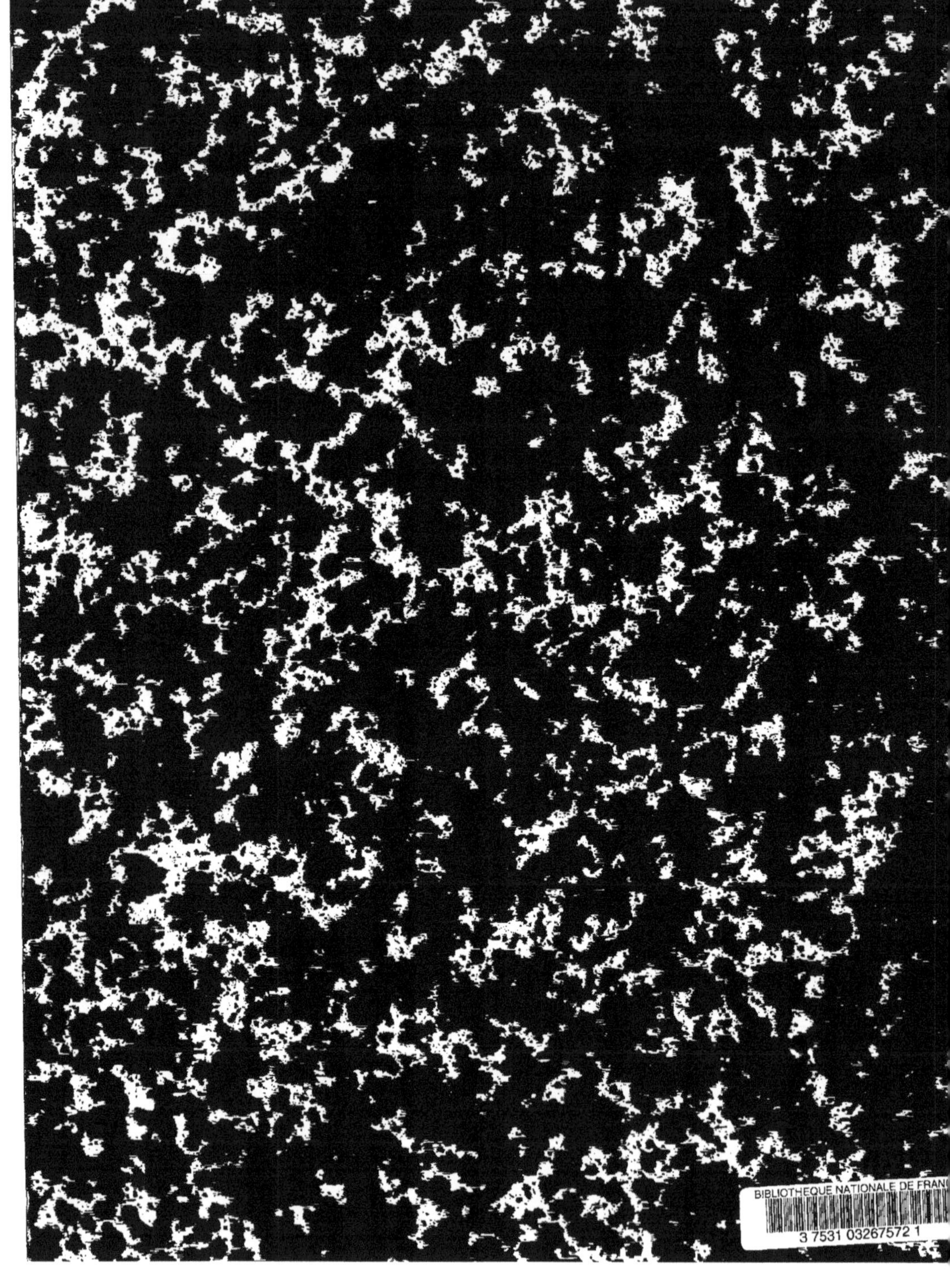

www.ingramcontent.com/pod-product-compliance
Ingram Content Group UK Ltd.
Pitfield, Milton Keynes, MK11 3LW, UK
UKHW012239240726
13966UKWH00003B/1162